U0000180

盜木賊

琳希・布爾岡——著 何修瑜——

直擊森林犯罪現場
揭露底層居民的困境與社會問題

TREE THIEVES

LYNDSIE BOURGON

Crime and Survival in North America's Woods

獻給我的父母，

是你們讓我做好充分的準備，踏上這趟旅途

「我們將人的勞力與大地、人的作用力與大地的作用力混和在一起，兩者交纏得如此之深，於是我們既無法從大地中抽身，彼此也無法分離。」

——雷蒙・威廉斯（Raymond Williams），《文化與唯物主義》（*Culture and Materialism*）

目錄

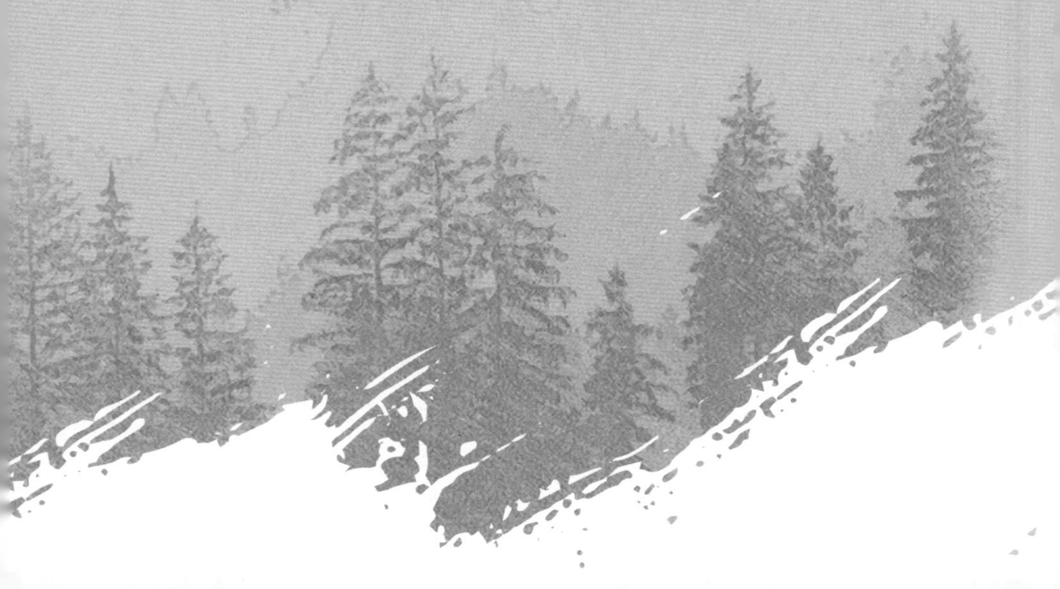

第二部 樹幹

第三部 樹冠

‧導讀——違逆自然的罪？

洪廣冀／臺灣大學地理環境資源學系副教授

琳希‧布爾岡（Lyndsie Bourgon）的《盜木賊》（*Tree Thieves*）是一本小書，但卻乘載了相當沉重的歷史。

之所以沉重，不僅因為該書探討人們如何把千百年的樹木砍倒，大卸八塊，再連夜運走；該書更試著告訴讀者，這些「盜賊」有其苦衷，又或者以如此的「犯罪行為」為傲。讀了這本書之後，若你原本對於「林間生活」懷有某種浪漫想像，又或者認為環境保護或保育為全人類共享的普世價值，在布爾岡動人的敘事下，恐怕會自我懷疑，甚至開始思考：保護與保育是為了誰？是誰說了算？憑什麼某些人的生計所繫之處要成為另外一群人的聖殿與遊樂場？

是的，《盜木賊》是一本關於「山老鼠」的書；或者，更精確地說，是一本從「山老鼠」的角度來看環境保護與保育的書。

布爾岡為新聞學出身，擅長結合田野調查、口述歷史與檔案研究，訴說一個個關於環境的故事。她對環境的熱愛來自生活周遭的森林。布爾岡長居加拿大西岸，離北美著名的老熟林不遠。然而，她的環境書寫走的不是梭羅《湖濱散記》或繆爾《夏日走過山間》的路線。她不打算書寫什麼「人類徜徉在壯麗的大自然間，感到自身的渺小，同時身心靈也因此得到滋潤」的自然雞湯，而是環境如何與文化、歷史與認同糾結在一起，且過程充滿了矛盾與摩擦。二〇一八年，布爾岡榮獲國家地理學會的探險家獎，前往秘魯熱帶雨林採訪有「地獄」（infierno）之稱的自然保護區。該保護區之所以被稱為「地獄」，並非因為其濕熱的自然地理條件，反倒是因為那是個暴力充斥、血肉橫飛之處。各種形式的暴力發生在當地原住民與虎視眈眈的伐木與採礦企業間，也發生在森林護管員與當地原住民及盜伐者之間。就布爾岡而言，這個自然保護區為充滿死屍的地方；河流中飄有人類與動物的死屍，林地中則散落著樹木被分屍後的遺骸。

從「煉獄」歸來後，布爾岡開始探究西北太平洋森林的盜伐問題。西北太平洋森林為分布在加州至溫哥華海岸的紅木林，其年紀、蓄積與多樣性，相較於臺灣讀者熟悉的檜木林，毫不遜色，甚至有過之而無不及，為地表上最壯觀的森林之一。然而，這片森林可說是「懷璧其罪」；歷經一世紀以上的砍伐後，現存的紅木林大約只為原先面積的百分之四。即便美國與加拿大政府劃設了國家公園，避免這片森林就此消失在地表上，但當地的盜伐還是相當嚴重，每年損失高達十億美元。布爾岡想回答的問題是，誰是這些盜伐犯？他們為什麼要盜伐？當他們發動電鋸，切入紅木龐大的身軀時，心中難道沒有一絲憐惜與遺憾？

—

《盜木賊》涵蓋了布爾岡考察北美紅木林與南美熱帶雨林之盜伐的成果。在該書中，她娓娓道來森林保育與保護的歷史，告訴我們原本為人群共同所有與使用的森林，先是被劃為貴族王室的獵場，再被追求「為最多人在最長時間裡爭取最大利益」的保育主義者指定為國有林，又被主張「自然為造物者之聖殿」的保護人士納入國家公園。她也告訴我們，從某個角度，一些常被尊稱為「近代林業或國家公園之父」者可說是種族主義者與優生論者；為了保留一片「自然」讓都市人可以放鬆身心，避免其種族的「退化」，他們將世居其間的原住民驅逐出去，把當地人基於生計的伐木取薪之舉視為「違逆自然的罪」（crime against nature；歷史上「違逆自然的罪」還包括手淫與獸交）。

在勾勒一段「你所不知道」或「教科書沒教」的森林史（套用臺灣媒體在論及森林史時偏好的下標法）後，布爾岡也訪問了出沒於紅木林間、前科累累的盜伐犯。在她的筆下，這些盜伐犯再也不是林業統計上的數字，也非喪心病狂的惡棍，而是有血有肉、有家庭、有社群、有自尊的一群人。他們對森林有著極為細緻的理解，伐木與製材技巧高超；不僅如此，布爾岡也指出，暫且把他們的「前科」放在一邊，他們可說是某種美國價值的化身：獨立、自主、不信任政府、男子氣概、兄弟情誼、隻身與大自然對抗等。那麼，為何這些「好漢」會走上盜伐一途？布爾岡發現，不少盜伐犯原本就是林業工作者，受僱於林業公司。然而，當北美林業逐步式微，且殘餘的森林被劃入遊樂區、保護區或國家公園，他們徹底失去工作，而其在林間勞動中培養出的氣質，與主流社會格格不入。在凋敝的林業聚落中求生的前林業工作者，不少染上了毒癮；為了存活，也為了不被現實所擊敗，同時也向奪去他們工作的國家與社會嗆聲，他們走上盜伐這行。

值得注意的，為了平衡報導，布爾岡也訪問了當地的森林護管員。從她的字裡行間，我們可以體會保育基層的辛酸與辛苦，以及護管員以有限的資源與盜伐者搏鬥、守護大片國有林的無奈。最後，布爾岡帶讀者來到秘魯的熱帶雨林。她告訴我們，在這片受到環保團體之高度重視的生物多樣性「熱區」，最大的盜伐者為政商關係良好的伐木企業，但常被當成「盜伐犯」對待者卻是得赤手空拳對抗伐木企業的原住民。她要讀者思考，誰才是盜伐犯？誰才是破壞森林的元兇？是在森林邊緣掙扎求生的山村居民？還是那些可憑藉關係取得伐木執照的企業？又或者是全球各地的原木消費者與木藝愛好者？

《盜木賊》於二〇二一年出版，廣獲各界好評。一篇發表在《紐約時報》上的書評將該書與理察・鮑爾斯（Richard Powers）獲獎無數的《樹冠上》（*Overstory*）並列。評論者大衛・恩里奇（David Enrich）指出，閱讀《樹冠上》的經驗，讓他體會到，樹木不只是提供樹蔭或木材而已；它們彼此會溝通，還會向人類求救，是個比想像中還要迷人許多的生物。他又表示，當他拿起《盜木賊》來讀時，他期待能讀到英勇的森林護管員與貪婪的、揮舞著鏈鋸的盜伐犯鬥智，將之繩之以法。他自承，《盜木賊》的情節有些超展開；在許多自然或環境文學中，作者費力勾勒的那條隔開善與惡、保育與開發、自然與社會、野蠻與文明的界線，在布爾岡筆下，反倒模糊難辨。

回到臺灣。之前《報導者》關於「山老鼠」的系列報導廣受迴響。若你為臺灣盜伐犯的遭遇所震撼，那你就不應該錯過《盜木賊》。你應該會發現，發生在臺灣森林中的盜伐，與布爾岡書中所描述者，在某些面向上，驚人的相似；樹瘤均為兩地盜伐犯的最愛，不少盜伐犯遭到毒品控制，盜伐的猖獗與林業及山村的凋敝有著密切關係等。事實上，儘管臺灣與布爾岡著墨的場域隔了太平洋，但各別凸顯了「近代林業之全球史」的不同面向。當十七至十八世紀的歐洲王室或貴族將大片森林劃為獵場，禁止人民進入，違反者甚至可處以死刑（如英國惡名昭彰的《黑匪法》

〔Black Act〕）；在臺灣，清廷劃設番界，將絕大多數的森林劃出界外，同時三令五申，人民不得越界伐木私墾。當歐洲有如羅賓漢這樣的綠林好漢挑戰貴族的圈地，臺灣則有朱一貴之亂；按清廷官員的說法：「朱一貴之叛，激於知府王珍稅斂苛虐，濫捕結會及私伐山木之民二百餘，淫刑以逞。」十九世紀末期，日本帝國殖民臺灣之際，先以《官有林野及樟腦製造業取締規則》將未有文書證據證明其產權的土地收歸官有，開啟了森林國有化的進程。二十世紀初，總督府又以林產之永續利用、殖產興業為由，將大面積的官有林處分與有資產、具信用的資本家經營。當臺灣森林呈現一股開發熱時，總督府再以《臺灣森林令》將那些未經政府許可之森林利用歸為犯罪行為，並成立專門職位「森林主事」負責林野取締與保護。從後見之明來看，前述一系列作為創造了我們現在叫作「山老鼠」的類別，以及負責抓老鼠的貓咪：過去叫作巡山員，現在叫護管員；在原住民部落，這些貓咪或稱山林課、林務局、林先生或者鬼。

森林是臺灣的珍寶；當護國神山守護著臺灣，森林則守護著護國神山。然而，對於這片占臺灣土地莫大比例的森林，特別是其與歷史，文化與認同的交織，乃至於從過去延續至今的衝突、暴力與血腥，我們的理解還相當稀少，甚至還缺乏一個理解的架構。《盜木賊》走的是地理學者稱為「政治生態學」（political ecology）的路線；若你對於雞湯式的自然或環境文學感到厭煩，或者已被類似的寫作滋養至流鼻血的程度，《盜木賊》會是你不可或缺的一帖瀉藥。

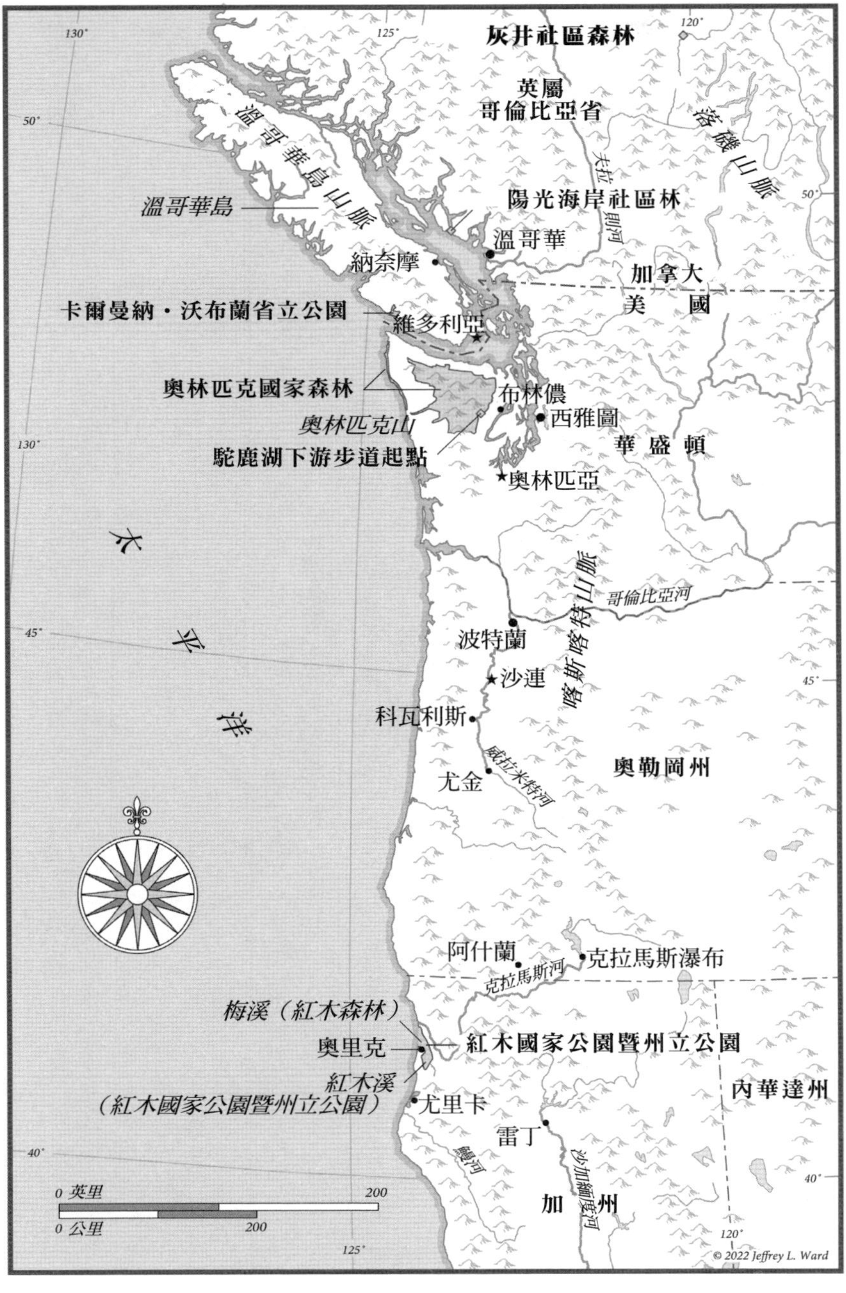

灰井社區森林
英屬
哥倫比亞省
落磯山脈
溫哥華島山脈
溫哥華島
陽光海岸社區林
夫拉則河
溫哥華
納奈摩
加拿大
美國
卡爾曼納・沃布蘭省立公園
維多利亞
奧林匹克國家森林
布林儂
西雅圖
奧林匹克山
駝鹿湖下游步道起點
華盛頓
奧林匹亞
太平洋
哥倫比亞河
喀斯喀特山脈
波特蘭
沙連
科瓦利斯
威拉米特河
尤金
奧勒岡州
阿什蘭
克拉馬斯瀑布
克拉馬斯河
梅溪（紅木森林）
奧里克
紅木國家公園暨州立公園
紅木溪
（紅木國家公園暨州立公園）
尤里卡
內華達州
雷丁
鰻河
沙加緬度河
加州
0 英里
200
0 公里
200
130°
125°
120°
50°
45°
40°
© 2022 Jeffrey L. Ward

出場人物

過去

紐頓・德魯里（Newton B. Drury）	拯救紅木聯盟（Save the Redwoods League）執行董事；美國國家公園管理局第四任局長
以諾・珀西瓦爾・法蘭奇（Enoch Percival French）	首位北加州紅木國家公園（Northern California Redwood State Parks）護管員督導
約翰・梅里厄姆（John C. Merriam）	拯救紅木聯盟共同創辦人
麥迪森・葛蘭特（Madison Grant）	拯救紅木聯盟共同創辦人
亨利・費爾菲爾德・奧斯本（Henry Fairfield Osborn）	拯救紅木聯盟共同創辦人
艾德格・威伯恩（Edgar Wayburn）	山巒俱樂部總裁（President of the Sierra Club，任期為一九六一年到一九六四年）

森林裡

愛蜜麗・克里斯汀（Emily Christian）	紅木國家公園暨州立公園（Redwood National and State Parks, RNSP）護管員
泰瑞・庫克（Terry Cook）	丹尼・賈西亞的舅舅
蘿拉・丹妮（Laura Denny）	前紅木國家公園暨州立公園護管員
丹尼・賈西亞（Danny Garcia）	前「不法之徒」
克里斯・古菲（Chris Guffie）	也被人稱為「紅木惡棍」
約翰・古菲（John Guffie）	克里斯・古菲的父親
德瑞克・休斯（Derek Hughes）	另一名前「不法之徒」
布蘭登・佩羅（Branden Pero）	前紅木國家公園暨州立公園護管員
普雷斯頓・泰勒（Preston Taylor）	洪堡州立大學（Humboldt State University）熊研究員
史蒂芬・特洛伊（Stephen Troy）	紅木國家公園暨州立公園總護管員
蘿西・懷特（Rosie White）	前紅木國家公園暨州立公園護管員

洪堡郡當地人

茱蒂・巴里（Judy Bari）	「地球優先！」（Earth First!）環保運動人士
榮恩・巴羅（Ron Barlow）	奧里克終身居民，牧場主人
達里爾・錢尼（Darryl Cherney）	「地球優先！」環保運動人士
史提夫・弗利克（Steve Frick）	前伐木工人
切里希・古菲（Cherish Guffie）	泰瑞・庫克的女友，克里斯・古菲的前妻
吉姆・哈古德與茱蒂・哈古德（Jim and Judy Hagood）	哈古德五金行老闆夫婦
喬伊・赫福德與多娜・赫福德（Joe and Donna Hufford）	奧里克長期居民
琳恩・內茨（Lynne Netz）	德瑞克・休斯的母親

序——梅溪

夜晚蜿蜒難行的北加州紅木公路在車頭燈斷斷續續的照耀範圍下，不斷向前伸展，而車子在缺乏前方路況警示的情形下，很容易錯過叉路。在二〇一八年一個漆黑潮濕的冬夜裡，有輛銀色小卡車緩緩開在公路上，逐漸朝梅溪前進。

午夜剛過，這輛卡車轉進路邊茂密的草叢。司機拉動左手邊的金屬門，卡車微微傾斜，一小堆石頭被輪胎撞倒。地面很軟，卡車輪胎在地上留下很深的胎痕。司機重新將卡車開回路上。黑暗再度籠罩。

狹長的空地延伸約一百碼長，這是一條荒廢不用的伐木舊路，人們任其荒蕪，雜草蔓生。下了卡車的司機在腳下找到一條小徑，兩旁布滿劍蕨與三葉草，還有像壁紙般的層層紅木樹皮，不過在黑暗中什麼也看不見。地上鋪著厚厚的樹葉，因此司機向前走時沒有一丁點腳步聲。

這男人又高又瘦，頭髮推得很短，身上穿著件運動衫。他在漆黑一片的空地上站了一會兒，等待卡車上的乘客下車和他一起。卡車頭燈是唯一光源。

兩人開始爬到附近的山坡上，其中一人拿了一把電鋸，行經一堆糾纏在一起的樹枝和林地的碎石，手臂擦過赤楊與藤楓。他們其實沒走多遠，只是從公路和空地往東，在山坡上走了大約七十五碼。這裡沒有開闢好的步道，附近也沒有營地；星光就算能穿透厚重的太平洋霧氣，也被濃密的樹冠遮住。

他們停在一棵古老紅木的樹樁底下。其中一人啟動電鋸，尖銳的引擎聲大聲迴盪在空地。沒有任何一個開在紅木公路上的駕駛，聽得見金屬鋸齒深深嵌進赭色樹幹時，那令人神經緊張的噪音。

這棵樹長在山坡上，直徑有三十英尺寬。拿著電鋸的男人往下走一小步，靠在斜坡上。他從背對著隱約被人踩出的小徑那一側動手，垂直切開樹的底部。他的動作小心而熟練：切出邊長筆直的正方形木塊。樹幹緩緩裂成碎片倒落在林地上，彷彿落入水中的冰河。這名伐木者的夥伴在一旁站崗，兩人整晚幾乎都沒講話。最後，他們累積了一大堆方形木塊，接著將切下的木塊朝卡車的方向往下推，一邊翻轉著往下坡滾落的木塊。他們把木頭裝進卡車後就開走了。

森林裡，這棵樹齡數百年的紅木被盜走三分之一的樹幹，留下一道裂開的傷口。

第一部——根

第一章　林間空地

我遇到的第一起盜木事件，是在加拿大溫哥華島西南岸的古老原始林裡，那一區是加拿大原住民狄迪達特族（Dididaht）的活動領域。二〇一一年春天的某一天，在加拿大英屬哥倫比亞省（British Columbia）卡爾曼納・沃布蘭省立公園（Carmanah Walbran Provincial Park）裡健行的某個人聞到空氣中有新鮮鋸木屑的味道，他走著走著，看見伐木楔（felling wedge）——一種控制樹木倒下方向的工具——插在一棵樹齡八百年的美西紅側柏上。只要風向對了，這棵高達一百六十英尺的大樹就能輕而易舉倒下。伐木楔使得筆直聳立在茂密雨林裡的這棵樹，變為造成公共危險的搖晃物。英屬哥倫比亞省的公園護管員不得不自行將這棵側柏砍倒。他們把剩下的樹幹留在林地上任其腐敗，在百餘年後由大地回收利用。

這棵樹沒能留那麼久：僅僅一年後，大部分樹幹都不在了。樹被砍倒之後，盜木賊來到國家公園，把樹幹鋸開（或「截斷」〔buck〕）成為便於攜帶的木塊，在地上留下一條由鋸木屑鋪成的小徑，以及忘了帶走的工具。諷刺的是，由於貫徹安全與保育命令，英屬哥倫比亞省的國家公園反而讓樹木更容易遭人盜取。

當地的環保團體荒野委員會（The Wilderness Committee）提醒大眾對盜伐要有所警覺，於是一封給記者的新聞稿進了我的電子郵件信箱。十年後，依舊沒有人因違反《英屬哥倫比亞省森林與山區作業法》（British Columbia's Forest and Range Practices Act），被指控在那一晚的卡爾曼納・沃布蘭省立公園裡犯下盜伐的罪行——罪名是未經授權在公有地上砍伐並破壞樹木。這棵美西紅側柏早已不見蹤影，要不是在大半夜被賣給當地鋸木廠，就是賣給工匠收在店裡，或者變成一片片木屋瓦、鬧鐘，或桌子。

從那時開始，我目睹橫掃北美各地的盜木行徑，包括太平洋西北地區、阿拉斯加蒼翠繁茂的森林，以及美國東部與南部的大片樹林。盜伐一年四季都會發生，處處可見，規模大小不一——盜木賊這裡偷一棵，那裡偷一棵。根據林業官員的說法，盜伐已經成了「每個國家森林的問題」，盜木種類五花八門，小至某人從居住城市附近的公園裡砍一棵小樹當聖誕樹，大至大規模破壞整片樹林。

北美盜伐的規模各地不一：在密蘇里州東部，盜木賊成了馬克吐溫國家森林揮之不去的問題；二〇二一年春，一個男人被指控在六個月內從公園裡砍下二十七顆胡桃樹和白橡樹，賣給當地的鋸木廠。在新英格蘭州，主要的受害樹木是櫻桃樹。在肯塔基州，榆樹光滑的樹皮被人剝下，拿來做草藥和膳食補充品。在西雅圖，博物館花園裡的盆景不翼而飛；洛杉磯住家後院的棕櫚樹、威斯康辛州植物園裡一棵稀有的松樹、以及亞利桑那州普雷史考特國家森林（Prescott National Forest）裡高齡的鱷魚杜松也全都消失無蹤。在夏威夷，有人盜伐雨林中的相思木，它紅色的木材有著細緻木紋，因此可以賣得好價錢。我曾在俄亥俄州、內布拉斯加州、印第安納州和田納西州發現黑胡桃木和白橡樹的殘幹。以上被盜的都不是伐木林場裡的樹，都受到一定程度的保護，這表示它們對某些人或某些地方來說很重要。

森林深處還有其他竊取大自然的小偷。苔蘚能以約每磅一美元的價格賣給花商；某次有個盜採者被抓，他的小卡車車斗裡有三千磅苔蘚。在美國東南方各地，盜採者收集從長葉松樹上掉落的松針拿去賣，人們戲稱這些松針為「棕色的黃金」。掉落的大樹枝、蘑菇、草和蕨類等等，在森林裡都遭到非法採集。有時候，雲杉和冷杉的頂端被人剪下當成聖誕樹賣，樹枝的尖端也被取走，做成乾燥燻香葉。

森林是用階層化的官僚層級來管理，這些層級的管轄範圍相互重疊，彼此合作。有些私人產業業主與森林由伐木公司管理。也有些地區的森林屬於直轄市、州與省的管轄範圍。此外還有美國國家公園管理局、美國國家森林局和國家紀念區，在加拿大則有「皇家土地」（Crown lands）、國家公園，以及自然保留區等單位。在美國，大部分森林是私有的，作為森林或林地進行管理。但是在美國西半部，大多數林地由聯邦政府與州政府管理。百分之七十的森林是公有地；相較之下東岸的公有森林只占百分之十七。[1]

只要想一想上述組織歸哪些更大的單位管轄，就最容易理解這之間種種保護的層級。例如：美國國家森林局隸屬於美國農業部，因此森林局土地上的樹木是以作物的方式管理，樹木成為一種農產品，在種植、收成後由國家利用。其他單位（美國國家公園管理局、美國內政部土地管理局，以及美國魚類及野生動物管理局）則隸屬於美國內政部。但即使是在這樣的傘狀架構下，事情都會變得非常複雜，例如：選擇性伐木（selective logging）是在國家公園和內政部土地管理局的土地上進行。魚類及野生動物管理局保護魚類、野生動物與其自然棲息地，但這些魚類可能在溪流中會游經國家公園或國家森林，牠們的遷徙模糊了責任邊界。在這些保護區裡盜獵盜伐的行為最令人震驚；原本在整個生命週期與死亡之後都應受到保護的樹木被砍倒，這就是保育行動會失敗的明顯例子。

---

① 譯注：在加拿大與澳洲等大英國協國家，「皇家土地」現在指的是政府的公有地。

在北美，每年約有價值十億美元的木材被盜。[1]國家森林局已將從其土地上偷獵木材的價值定為每年一億美元；[2]據他們估計，近年來在美國的公有地上，每十棵樹中就有一棵樹遭非法砍伐。私有木業公司的各協會推算，從他們那裡偷走的木材價值約為三億五千萬美元。在加拿大英屬哥倫比亞省，專家估算每年公有森林的木材被盜取的損失為兩千萬美元。全球木材黑市價值據估計為一千五百七十億美元，這個數字包括木材的市場價值、未付的稅款和損失的收入。盜木、非法捕魚及黑市動物交易，都受到國際刑警組織等處理跨國犯罪的組織監控；這三者構成的非法野生動物交易產業價值一兆美元。

盜木在法律上歸類為財產犯罪，但是其獲得的報酬與發生的背景都是獨一無二的。如果盜取的物品是樹木，盜木賊（poacher）偏好用「拿」（take）而不愛用「偷獵」（poach）這個字：確實，他們拿走了無可取代的資源。在北美，樹木是我們與歷史最深刻的連結，樹木等同於我們的主座教堂和存留的遺跡。不過當被盜伐的樹木成了贓物，必須以追蹤贓物的方式調查。然而透過書面作業或車牌來追溯贓車的車主是一回事，被偷的樹木卻必須吻合它的樹樁。在茂密的森林裡，這些樹樁通常隱藏在一片樹海中，或被苔蘚蓋住，或埋在樹枝裡，幾乎不可能找得出來。

估算被盜木材的價值也同樣是相當複雜的事：從生態的角度看來，盜木所造成的影響很快就變得比財產犯罪來得更加微妙、複雜與具破壞性。公有地擁有一些世界上現存最古老的樹。這些老樹能儲存大量的碳；光是紅木，每一英畝所能儲存的碳就比世界上其他森林要來得多。此外英屬哥倫比亞省的卡爾曼納・沃布蘭省立公園含有的生物量，②是普遍被視為地球之肺的南半球熱帶森林的兩倍，老熟林也因此成為人類對抗氣候變遷的重要物種。當老熟林消失，森林生長的地基變得不穩定，土地就更容易發生洪水和山崩。即便是枯立木（伐木業術語是「缺牙」〔snag〕），老熟林還是能替北美各地的瀕危物種提供無可取代的生態系統。樹木一旦消失，仰賴樹木而活的動物、鳥類和較小的植物群與菌類，也會跟著消失。盜木的影響深遠，將造成環境健康低落，森林活力降低，並且在土地留下持續數百年之久的痕跡，就算盜木規模不大也是如此。

然而，在實施自然資源保護法時，似乎有一條無形的界線分隔了動物與植物。主張（並且募款）保護動物，尤其是「有魅力的動物」（如大象和犀牛），使牠們不會受到獵捕與非法交易，往往比倡導保護植物要來得容易。但是在受到《瀕臨絕種動植物國際貿易公約》（Convention on International Trade in Endangered Species, CITES）保護的三萬八千個物種中——這是一份因交易而

② 譯注：生物量（biomass）指的是一條食物鏈可支持的生物總質量。

受到剝削利用與瀕臨絕種的全球植物與動物名冊——其中有超過三萬兩千種是植物。

老熟林的性質提供跨越這條無形分隔線的機會：在加州的紅木國家公園暨州立公園，[3]總護管員史蒂芬・特洛伊說這些樹是「美國西部的犀牛角」。我們也可以用同樣的話來形容雪松和道格拉斯冷杉的生態系統，這些樹的樹枝綴滿苔蘚，樹幹聳立雲霄。這樣的樹以其高度、樹齡與周長引發人們的敬畏之心。站在一片紅木林之中，我們很難不驚嘆於這些樹木是如此美麗。

——

本書內容主要是調查美國與加拿大太平洋西北海岸邊的國家公園、省立公園與國家森林的盜木情形。這些樹離我在英屬哥倫比亞內陸的住家後院不過數小時車程，我多年來一直試圖了解為何有人要盜木。這好奇心帶著我去直接面對一種鮮少有人討論的毀林型態，它是源自於二十與二十一世紀初某些最急迫的社會議題。

這故事吸引我的地方，並非損失的木材值多少錢，或甚至是知道一棵樹的消失對氣候變遷有哪些負面影響，雖然上述兩點都是相當關鍵的考量因素。我想知道的反而是，住在美得令人驚艷的紅木森林裡的人，為何在喜愛紅木的同時又能砍下它；這些人又為何能認為自己與自然世界糾纏不清，以致於他們會覺得摧毀自然的一部分是樹木生命週期的另一階段。盜木是一樁實體破壞的重罪，來自遍及北美各地的一項挑戰：社區遭遇經濟與文化變革時面臨的瓦解。

研究盜木很快就讓我開啟了一扇窗，進入環境與經濟政策涓滴效應（trickle-down effect）的領域；它漠視與邊緣化了那些不僅是住在樹林裡、也仰賴森林維生的工人階級。這是個困難的故事——猖狂的擴張與欲望賦予了些許充滿憤怒但又美麗的色彩。森林是一個工作環境，撤除這項工作，使得許多人失去了金錢、社群與統一的身分認同。許多盜木賊渴望樹木代表的某種情感：深植於家庭的支持。古希臘人稱這種感受叫「nostos」，也就是「鄉愁」（nostalgia）——尋找痛苦分離導致的思鄉之情——一字的字根。

數世紀以來，人們一直「取走」木材，但是我們的木材也一直被人取走，被隔離在圍籬內，標示出了地圖上的邊界。從古至今，使土地不能為社區所用往往導致破壞，雖然每一個盜木賊的故事都獨一無二，他們的盜取行為卻都出於迫切的需求。那麼為何有人要偷樹？為了錢，沒錯。

---

③ 作者注：自一九九四年起，紅木國家公園暨州立公園包含一個國家公園（紅木國家公園）和三個州立公園（德爾諾特海岸紅木州立公園〔Del Norte Coast Redwoods State Park〕、傑迪戴亞·史密斯紅木州立公園〔Jedediah Smith Redwoods State Park〕和大草原溪紅木州立公園〔Prairie Creek Redwoods State Park〕）。

但也為了控制欲、為了家庭、為了所有權、為了你我家中的木製品、為了毒品。我開始將盜木行為不只單純看作是嚴重環境罪行，也看出其中更深層的意義——這是某人在瞬息萬變的世界中試圖取回一席之地的行為，是出於需求的行為。為了著手了解盜木的悲哀與暴行，我們必須從頭思考樹木是如何成為贓物。

第二章　盜木賊與獵場看守人

「羅賓漢只是在處置他的，他自己的東西。」

——克里斯・古菲

「但是野生動物或小鳥不是任何人的財產——牠們是屬於所有人的『公平獵物』；然而有不同想法的人，認為連空氣都是他們的。」

——鮑伯・托維與布萊恩・托維（Bob and Brian Tovey），《最後的英國盜木賊》（*The Last English Poachers*）

一六一五年四月的某個春日，有十一個人進入英格蘭密德蘭（Midlands）的一棟石屋裡，[1]

在一個臨時召集的法庭前入座。這群人要對他們犯下的罪行做出答覆：他們偷竊柯爾斯森林（Forest of Corse）[2]裡的樹木，作為釀造啤酒和烤麵包等用途。被抓到後，他們請求史旺尼莫法庭（swanimote）裁定，這是為了管理森林、保留森林與維持森林治安而設置的法庭。他們面前有十八位陪審員；圍繞在他們身邊的是旁觀當天事件的二十二個平民、村民與農夫。這些人一個接著一個回答他們犯下的罪行：從梨子樹和蘋果樹砍下木材；剪下一棵榛樹的樹枝；某個案例是從一棵叫精靈橡樹（Goblins Oak）的樹上砍下木塊。今日盜木行為的蛛絲馬跡就是從這裡開始逐漸擴散出去。

英文「森林」（forest）的字根「for」，和「禁止」（forbidden）及拉丁文「外面」（foris）的字根相同。這很合理：森林最初的意思不像現在一樣指的是一片樹林或林地，而是指十一世紀被征服者威廉占用，當作他和他的同胞可以去打獵的地方，其他人只要付錢就能享有同樣特權。森林就像是某種中世紀鄉村俱樂部，其涵蓋的不只是林地，在某些情況下還包含農田、原野，甚至是整個村莊或城鎮。一個森林設立之後，恰巧住在這森林裡的每個人都被施加嚴格的規定：例如，為了保存強壯的鹿賴以為生的樹木，人們就不再能任意取用森林裡的木頭。

為反對這類土地掠奪，十三世紀英格蘭出現了《森林憲章》（Charter of the Forest），是伴隨《大憲章》（Magna Carta）而來的文件。《森林憲章》由約翰國王起草，富有的男爵們要求他讓林地不受森林法約束，因為他們想要更容易進入君王緊抓住不放的土地。《森林憲章》還為平民與林地勾勒出一種生活方式，准許平民取用生活必須之物：食物、水和遮風避雨的地方。該憲章如此宣稱：「每一個自由人都可以隨他所願，取用森林裡的木材。」這是為了平民百姓起草的宣言，反擊皇室土地擴張之舉。

依照今天的標準看來，森林憲章是一份激進的文件，反對強權將公有地私有化，無論這強權是政府或是皇室。森林憲章控制土地的使用，是歷史上最早的環境法之一，動物權也包括在內，並且還制訂了帶狗狩獵的規定。根據這份憲章，君王必須將圍住的土地還給人民。截至憲章頒布為止之前，所有犯下森林罪而入獄的人，如果保證不會再次在森林裡進行「不法行為」，都會獲得釋放。數世紀以來，英格蘭所有教堂必須每年四次向大眾高聲宣讀該憲章。

藉由這份憲章，森林被定義為「mast」、「herbage」、「marl」、「turbary」，以及「estover」這些有價之物和基本權利的共同來源。它保證准許人民以「森林地面」（mast）餵豬，讓羊在「牧草地」（herbage）上隨意吃草，以及採集蜂蜜。同時，也保證准許人民挖掘「黏土和沙」（marl）、開採作為燃料的「煤炭和泥煤」（turbary），以及建造鋸木廠。於是森林在這憲章中被概述為一個安穩的地方，有樹木作為避難處、作為休息站，以及作為界標——人們承認樹木是百姓生活中不可獲缺的一部分，讓森林有「窮人的外套」之美稱，因為在森林裡可以找到所有生存之道，包括死掉的樹木和整棵樹，用來建造房屋、家具和門。森林憲章也概述「estover」的界線——這個字的意思是為日常所需來收集柴薪和木材的權利。憲章裡還提到矮林作業法（coppice），這是另一種形式的伐木，將樹木砍至與地面齊平，使新長出的樹木更健康。

然而到了一六一五年四月這場史旺尼莫法庭開庭時，森林憲章早已遭到忽視，其給出的承諾從未被完全信守。由於持續的私有地圈地運動，公有地逐漸減少，這主要是不想讓百姓使用公有地的富有地主所造成。即便是「公有地使用者」（commoner）①一字也已失去力量，而成為貶抑之詞。

由於上述趨勢，取走木材成為十七世紀民風，而盜木成為最常見的一種財產犯罪形式。現在森林成為民間犯罪的地方，收集的柴薪總是超出所需，人們非法砍伐樹木，做成木炭。「森林居民」（forester）變成「獵場看守人」，他們其實就是守衛，看守從前開放給平民使用的私人財產（雖然寫羅賓漢故事的作者讓他閃躲諾丁罕郡長，事實上他很有可能是逃過獵場看守人的掌控）。

獵場看守人利用陷阱、絆索和隱藏在樹籬裡的捕人圈套阻止盜木賊進入。只要有人被逮到從私人土地拿走木材——不限於樹幹和樹枝，還包括籬笆、木樁和樹皮——都會因此遭到殘忍的處罰：坐七年的牢，或砍斷雙手，或被吊死。在每四十天召開一次的史旺尼莫法庭上，「皇室護林官」（verderer，此職位為終身職）[3]將盜木賊判刑或罰款。皇室護林官判決罪行的範圍從砍樹枝到將整棵橡樹連根拔起都包括在內。

對於此種驚人的經濟不平等狀況，憎恨情緒開始在社會蔓延；不被准許設陷阱抓兔子當食物的佃戶，沒多久卻眼睜睜看著地主到來，以運動為由殺掉上百隻動物。森林的相關規定也愈來愈嚴格：例如，不准拿鹿肉當食物，即便那隻鹿已經被野狼咬死。對於必須放棄拿取生活所需木材的權利一事，老百姓一直無法接受，於是盜木便成為一種反抗的形式。

某個地主在他的年度紀錄中抱怨道：「年輕的搶匪無論是樹籬或樹木都不放過，他們在某種程度上計畫著竊盜的藝術。」在紀錄中，樹木「被人帶走與破壞」，某個森林護管員宣稱在七年間就有三千棵樹被毀。盜木賊利用附近的河流來運送盜獵盜伐後儲藏在船上的鹿肉和木材。

盜獵鳥、魚和盜採木材，通常是在月光下發揮創意，使用網子、陷阱和誘餌默默進行的犯罪（皇室護林官對夜間盜採盜獵者的懲罰，比對那些日間進行的人判得更嚴厲）。但有些盜採盜獵者卻開始以魯莽的抗議形式留下訊息，例如：在莊園裡把鹿殺死後留下鹿的屍體，任由鹿血滲入

---

①譯注：之後「commoner」的意思變成「平民」，也就是相對於皇家或貴族之外的普通百姓。

土裡，或闖入私人莊園威脅看守人。某個案例是，在威爾特郡（Wiltshire）有個男人穿上女人的衣服，帶領一群盜採盜獵者犯行。[4]地主回報他們的樹都沒了，地表上的樹都被砍光，面目全非。

有些盜採盜獵者將臉用木炭塗黑，以便在黑夜中行動；這些自稱「黑匪」（the Blacks）的人以當地酒吧壁爐上的公鹿角來宣誓效忠團體。英國政府的因應之道是提出《黑匪法》（Black Act），法案中有三百多條罪刑都是死罪，其中一項罪行是「在森林裡喬裝打扮」。雖然《黑匪法》最初是為了暫時解決盜匪橫行的法案，但在之後的一百年裡依然有效。

最關鍵的是，各村鎮都同情當地的盜採盜獵者，老百姓認為砍樹與獵鹿是民間英雄犯下的罪行。盜採盜獵成了與地景互動及土地認同的手段，是削弱皇室與其富有同夥的方式，藉此表達百姓的憤怒，並訴諸報復行動。以下是一首傳唱各地的民謠其中一段：②

向金雀花王朝算舊帳的
這四十位勇士收集了石頭
為了窮人的權利奮戰

打斷那些獵場看守人的骨頭

②譯注：原文出自一首叫作〈拉福德公園的盜採盜獵者〉（Rufford Park Poachers）的英國民謠。

第三章　深入國家心臟地帶

「他們都說那是公有地。意思是那也算是我的地，對吧？」

——德瑞克・休斯

歐洲拓荒者來到未來將來會成為加拿大與美國的美洲東岸之後，他們開始砍伐大片森林。樹木像骨牌那樣倒下，從東到西，他們將演化數千年之久的生態系統夷為平地。這麼做不只是因為需要木材來蓋房子和生火，或是才能方便遷移到東岸，同時是為了把木材送往海外拓展工業。有人寫道，美國擁有一望無際的森林，它是如此廣闊，以致於能「深入國家的心臟地帶」。

上述伐木的行為是以偷竊和圈地為基礎的另一種「拿取」。歐洲移民訴諸暴力手段，帶來疾病，逼迫原住民遷離他們寶貴的土地。之後，在開始設立國家公園和森林時，他們就把原住民從能提供壯麗景色的代表性國家公園，如優勝美地（Yosemite）、黃石公園（Yellowstone）、冰河國家公園（Glacier）和惡地國家公園（Badlands）裡趕出去。

美國人的計畫就是擴張，奪走新的土地。要不了多久，在五十幾年之內，光是作為燃料就已經用掉五十億柯度（cord）木材，砍下來的樹林面積有二十萬平方英尺，相當於伊利諾州、密西根州、俄亥俄州和威斯康辛州加起來的面積。有些伐木工人覺得他們的工作是拉近與天堂的距離，摧毀樹冠層就能「讓文明之光灑在我們身上」。另外還有許多人認為大樹棘手頑強，擋住了擴張之路，是必須征服的障礙物。為了把樹砍倒，伐木工人有時會在樹幹上挖洞，塞入黑色的火藥和引火線；火藥爆炸，就能徹底將樹幹劈成兩半。在當時的檔案照片上可以看到男人站在巨大的殘幹上，照片上寫著諸如「男孩們，把樹砍下吧！下一座山丘還有更多樹！」之類的標題。

在都市面積擴大的同時，自然保育運動也在城市裡萌芽。醫生開出處方要病人在大自然中治療頭痛與神經衰弱，以及把病人送到鄉間來逃離城市擾攘街道的吵雜與臭氣，這些都時有所聞。正當城裡的人開始造訪紐約州阿第倫達克山脈（Adirondack Mountain）等地區，他們也投注心力保護這些地方。由於這些人來自擁擠的街上，許多人把保育的優點視為保存人類尚未染指的地方——事實上，杳無人跡的大自然根本不存在。森林裡住著貧窮的工人，他們在美國急速成長的城市以外的鄉村地區建造家園。如今他們被迫離開，被告知自己的家是次等的，謀生的工作還會造成傷害，保護環境比工作更重要。

以大自然作為休閒娛樂的有錢贊助人出資並四處遊說，促成保育運動的展開。紐約運動員俱樂部（New York Sportsmen's Club）這一類組織藉此推動更強有力的保育手段，確保付費會員能獵鳥和釣魚。他們遊說應禁止販賣禽鳥的肉，此舉導致狩獵季和釣魚季的出現。法令禁止用網子捕魚——這是農夫和村民用來捕撈大量的魚去餵飽家人的方式。

就像數世紀之前的英格蘭，打獵成了偷盜行為。採集和放牧成了非法入侵。伐木成了盜木。拜那些把打獵當運動的獵人之賜，狩獵季節縮短；他們不在乎是否必須考量收穫季的週期，使得農夫在每年某些關鍵時刻都必須選擇要耕地還是要打獵。某個懷俄明州的人在當地報紙裡寫道：「當你對經營農場的人說：『除了在打獵季期間，你不能吃獵來的鳥』，你就是把他變成盜獵者，因為他既不會讓自己挨餓，也不會讓家人挨餓……如果沒了獵物，會餓死的將不只一個家庭。」[1]

一八九二年，阿第倫達克山脈的官員開始劃出國家公園的正式邊界，他們指出，許多當地人沒有意識到公園用地和自己家園的區別。地圖上劃出的分界線不會自己出現在森林裡，這使得無意間入侵的人陷入困境，在某些情況下會讓移居者變成占地者。即便某個移居者已經在他的家園住了幾十年，如果附近的土地被劃為國家公園，也只好被迫離開；在某些例子中，管理公園的行政長官認為這些非法占地的人：「……不是討人喜歡的鄰居。他的住處不只叫人看不順眼，往往四周也丟棄了舊錫罐、魚鱗、內臟、獸類的毛髮和皮革……。」鄉村居民經常在房屋被拆除與燒毀的情況下遭到驅逐，同時憎恨與復仇的氛圍也在賓西法尼亞州、紐約上州、維吉尼亞州和佛蒙特州等地滋長。與會成員包括保護主義者約翰・繆爾（John Muir）①的國家森林委員會（National Forest Commission）最後建議應該要求軍隊巡邏這些保留區。格羅弗・克里夫蘭總統（President Grover Cleveland）在一八九七年保留兩千一百三十萬英畝的地作為新的森林保留地和國家公園，此舉激怒了西部各州有商業利益人士和政客。他們認為這是「保留死掉的木材，毫無用處」，將這些環保人士斥之為「狂熱分子、哈佛教授、傷春悲秋的人和不切實際的夢想家」。

盜木成了某些移居者的邊疆傳統（frontier tradition）。[2]在阿第倫達克山脈，當地人開始扯下「請勿擅自進入」的牌子然後大步走進森林，他們往往是去採集木材。當局很難起訴此種違法行為：森林護管員必須仰賴當地居民才能逮到收穫甚豐的盜木賊。一位國家森林委員會的視察員寫

---

①譯注：約翰・繆爾（1838-1914）為美國早期環保運動領袖，致力於國家公園的設立，後人稱他為「美國國家公園之父」。

道：「除非該地區有人對盜木賊心懷怨恨，否則幾乎不可能收集到對個人不利的證據。如果將自己所知道關於這些非法入侵人士的事情告訴州政府官員，他們將招致鄰居的惱怒怨恨，以致於在家鄉一輩子都不會好過。」有些鄉村居民單純只是不把自己的行為看成偷盜；被抓時，許多人甚至會氣到在樹林裡放火。

反叛行為一直延續到二十世紀。一九〇三年九月，一名地主控告某個當地人在他的土地上盜木之後，被人開槍射死。該名地主買下當地的路權，把路封住不讓人進入，此外還買下一條溪；之前當地人會把木頭放進那條溪裡，順流而下到當地鋸木廠。私人土地成為村人憤怒的理由：當地居民燒毀莊園、在籬笆上挖洞、對莊園守衛開槍。威廉・洛克斐勒（William Rockefeller）[2]旅行時開始帶著武裝保鏢同行，但曾經有人開槍將子彈射入他在灣塘（Bay Pond）的木屋裡，於是他的保鏢紛紛辭職。

原住民也持續採集植物、獵取動物維生。他們對歐洲移民的影響有著根深蒂固的反叛情緒——自己才是真正的當地人，對這片土地瞭若指掌，在美國立國之初奠基一切的偷竊之後，要「拿回」他們的所有物。盜伐盜獵是他們確保傳統權利和營生的顛覆性方式。在加拿大北部，奇珀瓦揚族（Chipewyan）獵人抗議政府設立野牛保護區，並且在一九二二年木水牛國家公園（Wood Buffalo National Park）創立後，繼續在該地打獵與設陷阱，為此遭到政府嚴厲的懲罰。

這時期的森林護管員在危險的環境中工作，有些人在與獵人和盜木賊對抗時被殺。據他們報告，當地居民厚顏無恥進入森林撿拾柴薪：「從很久很久以前，也就是從這個國家建立第一個殖民聚落開始，荒野邊境居民接受的教育就是，屬於國家的東西就是公共財產，他們有權利去砍下自己想要的東西；他們的父親和祖父也都一直如此，在那裡擁有與生俱來的權利，無人能質疑。」今天最具代表性的公園都與這些造反活動糾纏不清。黃石公園裡曾經有個很有名的盜獵者叫艾德加・豪威爾（Edgar Howell），他寫信給當地報紙，辯稱會在公園裡打獵是因為這件事需要技術和勇氣。他聲稱以護管員的方法智取護管員是一場「衝鋒陷陣」。自然保育人士對此做出回應，他們說豪威爾不但貪婪，又是個廢物。

美國植物學家暨作家唐納・庫爾羅斯・皮蒂（Donald Culross Peattie）將人們對加州紅木的

---

②譯注：威廉・洛克斐勒是美國標準石油創辦人約翰・戴維森・洛克斐勒（John Davison Rockefeller）的弟弟。

「第一次攻擊」歸因於一八五〇年的淘金熱。雖然然西班牙拓荒者早在十八世紀已經涉足紅木森林，到了一百年之後，那些在照片中留下身影、來自東岸野心勃勃的伐木工人將會越過最後一座山丘，筆直進入洪堡郡和太平洋沿岸。

以地理學家暨科學家亞歷山大・洪堡德（Alexander von Humboldt）命名的洪堡郡（不過洪堡德從未到過該地），位於舊金山市北邊兩百七十英里。抵達此地之後，伐木工人踏上的是大約六個原住民部族的領地，有維約特人（Wiyot）、尤羅克人（Yurok）、胡帕人（Hupa）和鰻河阿薩帕斯坎人（Eel River Athapaskan）等部族。這地區的森林長滿為了適應海岸山脈，已經演化數百萬年的原始紅木和雲杉。這片土地數千年來供養當地原住民，他們通常住在沿著河岸以木板建造、再用葡萄藤綑綁固定的低矮長條狀木屋。蓋房子的木板是容易彎曲的薄木片，這些木片是從自然倒下或還矗立著的紅木上劈下來的。他們還用倒下的大樹幹刻出獨木舟。木材的永續使用具體呈現在一則尤羅克人傳統故事中，這則故事解釋紅木，也就是尤羅克語的「keehl」，是由造物主創造出來用於建造船和房屋的材料；紅木是有生命的幫手。

紅木的植物學分類是柏科紅木屬。紅木是世界上最高大的樹，是真正的古老聖物，它們已經在地球上生長超過一億年，最北曾一度在北極扎根。西北太平洋沿岸各處的地面崎嶇不平，從十月到來年五月都持續下著雨，還長著許多巨大的樹：有些樹的樹幹直徑可達六到八英尺，一般的高度是兩百五十英尺。從海岸向天空延伸的紅木、濱海道格拉斯冷杉和柳葉石楠（秋天會結出許多紅莓）布滿矮丘和山坡。紅木的樹冠只會伸展到鄰近其他紅木樹冠的邊緣，如此才不會長得太過擁擠。只要抬起頭向上看，你就能望見深邃的天空從樹冠層中露出來，宛如蜿蜒小溪般彼此相連。從地面上看，天空不是像一片畫布，而是像線一樣細長曲折。伐木工人就是走入這樣的地方，這片永恆而古老的森林至今依舊存在。

一八五〇年代，這些紅木看去一望無際。有「紅色金子」別稱的紅木被人們視為與礦產同樣重要的產物，紅木可以變成房屋、商店、人行道、淘金的流礦槽、酒桶和船隻，甚至還是當地鋸木廠裡的掃把把手。當時據估計在北加州有兩百萬英畝的紅木林，包圍了許多條寬闊、湍急、碧藍的河流、四大流域，以及有著許多鮭魚、海獺和鳥類的生態系統。紅木綿延至地平線盡頭，放眼望去是一片蒼翠的山丘。拓荒者阿曼莎・史迪爾（Amantha Still）在她一八六一年的日記中寫道：「樹木啊！它們是怪物，像玉米莖一樣全擠在一起。」

帶狀紅木森林穿過許多小鎮，這些鎮位於森林與海洋匯合之處。有個小鎮叫作奧里克（Orick，名稱來自尤羅克語的「河口」一字，不過根據某個想與之一較高下的建鎮故事，鎮名的由來是因為拓荒者聽見青蛙叫著「奧—里克，奧—里克」），這蓊蓊鬱鬱、雨水浸潤的山谷裡非常適合飼養乳牛，奧里克鎮因而繁榮起來。今天有些奧里克鎮鎮民，還能追溯他們的祖先到這酪農業興盛的時期。鎮上的牧場主人榮恩・巴羅說：「我母親在奧里克出生時，還沒有人在伐木。」

一些北美最早的木業公司在離奧里克鎮不遠處創立。一八八〇年代，鰻河河谷木業公司（Eel River Valley Lumber Company）估計，每天能生產七千五百片木屋瓦，並且持續二十年木料才會用完。十九世紀末，光用一棵紅木就蓋出整棟房子、銀行或教堂是常見的情形（紅木就是這麼容易處理：筆直、光滑，樹脂少）。在二十世紀初，美國幾乎每一個城市都用紅木當水管。密爾瓦基的釀酒廠用紅木當酒桶，猶它州的礦業社區用紅木當水槽；直至今日，有些電熱水器還用紅木當保溫層。奧里克最早的商業鋸木廠在一九〇八年開張，不僅處理紅木，也鋸以美麗和品質優秀聞名的雲杉——雲杉通常直徑八英尺，同樣相當筆直，鋸木廠很好處理。

北加州紅木稀疏，取而代之的是生長著茂密的道格拉斯冷杉、香脂木、加州鐵杉、美西紅側柏與阿拉斯加扁柏，以及雲杉的溫帶雨林。殖民地開拓初期，許許多多社區在這些樹的陰影底下沿著河岸建造，這些社區多被戲稱為「光棍營地」，因為那裡住的主要是單身男人。在華盛頓州和加拿大英屬哥倫比亞省，茂密森林裡的樹木從山坡一路延伸到海岸線，原木最終會被賣往美國東岸和歐洲，人們將原木綁成大木筏飄向下游，再從聖地牙哥往外運送。十九、二十世紀之交，木業公司威爾豪瑟（Weyerhaeuser）以五百五十萬美元買下西北部面積九十萬英畝的森林，這是美國歷史上其中一筆最大規模的土地所有權轉移。加拿大溫哥華島西南沿岸是全世界產量最大的森林之一，這裡是目前卡爾曼納・沃布蘭省立公園的邊界。

太平洋西北地區提供了美國其他地方所沒有的伐木條件：穩定。向西擴張成為一則英雄人物與其野心勃勃的老闆們的故事，他們先是手拿「小印地安戰斧」（**tomahawk**），然後再用龐大的鋸子，接著是強力又有效率的機具。[3]木業公司開始廣為傳誦保羅・班揚（**Paul Bunyan**）的傳說；這位民間傳說中的伐木英雄穿著格子襯衫，他在樹林裡展現出來的神奇伐木技藝立刻成為傳奇話題。伐木工人所到之處，都會出現班揚與其豐功偉業的形象。班揚是伐木工人的化身，身上宣揚的特質，所有伐木工人都有份：有男子氣概、獨立、技藝高超、離群索居。

班揚證實了許多伐木工人深入骨髓的感受：在遷徙過程中，許多洪堡郡的拓荒者早已經歷極端氣候、孩子或整個家族的死亡、旱災以及船難等等。一到了洪堡郡，在奧里克等城鎮建立家園之後，一個堅忍不拔的敘事基調就形成了——他們**成功**抵達這裡。一九一三年，當地報紙《洪堡烽火》（*Humboldt Beacon*）如此宣稱：「世界上找不到任何一個地方的人，比住在紅木森林的居民更有效率、更堅忍不拔。」一種身分認同於是逐漸成形：有生產力、只關心今天不著眼明天，以及在這巨大的森林中，每個伐木工人都獨自住在一個營地裡，皆是自己的主人。有些獨來獨往的人甚至住在「鵝舍」（goosepen），也就是大到足以讓成年男性住在裡面的紅木空樹幹裡。

紅木自然保育區的概念，最早可追溯到此時。一九一五年，國家地理學會（National Geographic Society）主席吉爾伯特・格羅夫納（Gilbert Grosvenor）為了記錄紅木並拍下森林的照片，前往西部。兩年後，三位自然保育人士——約翰・梅里厄姆、麥迪遜・格蘭特與亨利・費爾菲爾德・奧斯本展開一趟公路旅行，此行促成拯救紅木聯盟的成立。

梅里厄姆、格蘭特和奧斯本三人開在未來的紅木公路（Redwood Highway）上，前去觀看殘根大到能讓一整個社區的人都站上去，或能鋪滿一整個宴會廳，抑或是「樹樁演講」這個詞的字面意思由來③的大樹長什麼樣子。這時候英美企業家威廉・華道夫・阿斯特（William Waldorf Astor）④已經將一片圓形樹幹買下並運回英格蘭。這個樹幹的橫截面是從直徑三十五英尺、樹齡約三千五百年的紅木上切下來的，阿斯特打算將其做成一張大餐桌，好贏得一場賭注。在加州北端迎接梅里厄姆三人、狂熱又毫不掩飾的伐木情形令他們目瞪口呆。這三人同時也是將環境破壞與白種人霸權衰落劃上等號的優生學家。[4]這些人把保護紅木看作是奉行白種人男性主導荒野這項任務的一部分。在一九一八年拯救紅木聯盟成立之後，他們的觀察再加上格羅夫納的照片，促使有錢人以私人名義購買紅木森林並加以保護。一塊塊土地逐漸當作國家森林來保育，圍繞在這些土地周圍的則是依舊有人在砍伐的林地。

不久之後，紐頓・德魯里也參與他們這項使命，此人是百萬金融家暨石油大亨小約翰・洛克斐勒（John D. Rockefeller Jr.）的親信顧問。德魯里稱自己是建設後來的紅木國家公園暨州立公園時，「承受好運與惡運，並帶來一切磨難的那個人」。該地區幾乎每個地方的標誌上都刻著他的名字，現在如果你開車經過紅木公園，走的就是紐頓・德魯里景觀公路（Newton B. Drury Scenic Parkway）。德魯里在一次訪談中說道：「這座國家公園的主要目的，就是針對試圖把森林代表的資源，轉變為功利主義目的……所做的抵抗。」

財富使他們的抵抗行動方便許多：發生在政府的辦公廳裡、在接待室裡、在私人會議中。抵抗行動靠的是特權與權力的取得。德魯里在紅木樹下舉辦大型野餐會，邀請口袋很深的捐款人士與有勢力的立法者。他們的行動主義將會推崇某種僅僅勉強以地區本身為基礎的保育形式——需要遊說富人投入數億元，以便從私人伐木公司手中購買一塊塊土地。爭取支持國家公園的這個過

③譯注：早期美國政客來到拓荒者伐木的地方，會站在樹樁上演講。現在「樹樁演講」一詞的意思是競選時的巡迴演說。

④譯注：威廉・華道夫・阿斯特（1848-1919）出生於紐約曼哈頓，為美國旅館大亨。一八九一年移居英國，一八九九年入英國籍。

程，顯然無視於在森林中居住與工作的那些人；主要捐款人士大多住在東岸，他們並非將保育運動視為一種「明智的運用」（此概念最早由美國國家森林局首任局長吉福德・平肖〔Gifford Pinchot〕提出），而是為了要保留不被人類染指的處女地。老羅斯福（Theodore Rossevelt）也有著類似信念，他在一九〇三年五月造訪大峽谷時宣布：「保留它的原貌。」（「原貌」的意思是荒涼、空無一物和渺無人煙。）

然而為了達成這項任務，拯救紅木聯盟必須雇用一名伐木工人。聯盟將此案承包給北加州對森林知之甚詳、博學多聞的以諾・帕西瓦爾・法蘭奇，要他在樹林裡「巡邏」，藉此正確估算還有多少原生紅木。他提出的數據，是最早估算森林裡紅木數量的測量工作之一，這數字將形成保存森林的生態與經濟力量。有了法蘭奇巡邏獲得的數字，我們才知道一般森林每英畝能生產約三萬到四萬板英尺[5]的木材，然而紅木森林的產量卻是每英畝六萬到六萬五千板英尺。公牛溪（Bull Creek）流域的樹木全都是紅木，因此木材產量高達每英畝二十萬板英尺。

法蘭奇也在保育團體的遊說活動與現場探勘所得的實際經驗之間搭起橋樑。他了解到以勤奮工作、獨立、自給自足與斧頭技能等完美典型為基礎的道德觀，已經深深注入伐木這件事。十七歲的他已經開始和父親一起替太平洋木業公司（Pacific Lumber Company）工作。當時缺錢的法蘭奇知道，一旦進入了這座森林，在他和老闆們之間，還有許多有利可圖的空間，他回憶道：「我可以去砍所有找得到的樹，因此我不時到森林裡砍下八棵或十棵樹劈成木材。他們不會在意這些木材。」法蘭奇賣出原木作為鋪設鐵軌沿線之用，每一千板英尺能替他帶來四美元的淨利。

一九三一年，法蘭奇當上北加州紅木州立公園的首位護管員。每天早上他開車穿越公園用地，一直開到路變得太難走為止，然後他跳下車，以雙腳巡邏公園邊界。雨季時，雨水沖壞森林的道路，他就坐上原木，以倒下的樹木做成槳來控制方向，在高漲的河水中順流而下。當來自洪堡郡北邊的德爾諾特郡（Del Norte County）的淑女園藝俱樂部（Ladies Garden Club）在捐錢之前要到公園一遊時，法蘭奇一個個背著她們過河（法蘭奇在一九六三年接受口述歷史學家愛蜜莉亞・弗萊〔Amelia Fry〕的訪談時回憶道：「她們看起來並不介意。」）。園藝俱樂部由捐款人士組成，她們要求以自己的名字建造一座永久的池塘，加以保育。法蘭奇向她們解釋這件事是不可能的；紅木無法在不會流動的水中生長。她們的要求令他在私底下感到十分挫折。他說，森林的自然風貌與某些人希望在自然中出現的美學觀，這兩者之間似乎有什麼誤解。

法蘭奇從一個在森林裡偷木材的伐木工人，變成負責保護木材資源的森林護管員。等他成為

---

⑤譯注：板英尺（board foot）是美國和加拿大用於木材的專業計量單位。

護管員時，紅木的原木價格已經飆升至每一千板英尺一百美元。在二十年的護管員生涯中，據法蘭奇估計，盜木賊拿走的木材相當於兩到三百萬板英尺，此外他們還摘走長在矮樹叢裡的羊齒植物和百合花。法蘭奇說：「我認識所有的男孩們，我不想提他們的名字。我自己也是在那裡長大的……。」

法蘭奇還知道其他事：他自己也曾經是盜木賊，販賣鐵路木瓦來賺取額外的收入。然而最終他還是譴責盜木賊所做的事：「他們獵殺公園裡的鹿。對我來說那不會造成甚麼傷害，少一隻鹿無所謂。但如果有人開著卡車拿走一些樹木，要再長回來得花上五百到一千年……。」

「總之，我就是為了這個才去森林裡的。」

到了後來，以諾・帕西瓦爾・法蘭奇將會把盜木的行徑貼上「卑鄙」的惡名。

第四章　月球表面的景象

「許多時候，他們想把自己形容為丟了工作的伐木工人……然而他們的父母可能就是丟了工作的伐木工人。」

——美國國家森林局調查專員菲爾・霍夫（Phil Huff）

法蘭奇的紅木行動主義承襲自父親。他父親同樣是位伐木工人，在認為要保存紅木的同時，也覺得自己有砍伐紅木的權利。法蘭奇相信森林有再生的力量——有時候極嚴重的摧毀可以讓樹木重新生長，帶來無比的美。當發生洪水、山崩，或是矮樹叢被踐踏的時候，他告訴歷史學家弗萊：「這只是大自然優化的方式，如果你真想了解真相的話。」

法蘭奇當紅木森林護管員的時期，與勞工階級環保運動的時間重疊；當時工人與環境並肩作戰對抗壓榨，而不是彼此。二十世紀早期的一些訪談中也表達出與他相仿的情緒。例如：伐木工人查爾斯・杭特（Charles E. Hunt）就說，伐木工人選擇這項職業，以便能在森林裡生活：「或許沒有任何伐木工人能準確地用言語表達，不過他們會在森林裡辛勤工作是出於對樹木的喜愛。」

在經濟大蕭條的陰影下，小羅斯福總統（President Franklin D. Roosevelt）將皆伐（clear-cut）視為「全國關注的問題」，許多伐木工會開始倡議森林保育。美國國際木工工會（International Woodworkers of America, IWA）理事長哈洛・普里切特（Harold Pritchett）是一名加拿大屋瓦工匠，他是共產黨員，在西雅圖的廣播節目裡解釋森林保育對工人的意義：在更長的時間內有更穩定的就業狀況；有機會在被砍伐的林地上重新造林；以及承諾未來在該地區不再允許有公司採取「砍了就跑」的政策。尤其，普里切特堅決主張，美國國際木工工會想要每個人了解「人類在森林裡的工作，以及森林替人類做的工作」。

然而在第二次世界大戰一結束，房屋市場景氣大增，紙漿和紙類需求增加，挑戰了森林保育，並造成大規模伐木。這是「樂觀的陰謀」[1]的一部分；這段期間，政府說木材是國家最重要的資產：它可以讓人們在家中重新打造更美好的生活。這是建築業的產業革命期，是規模上的擴張，也是要人們建造將近五百萬個新房子，藉此讓國家更偉大的號召。這是一波破紀錄的榮景，創下高就業率，使得皆伐成為採集木材的主要模式，但也因此造成環境破壞的遺害，引發更多保育的呼聲。

在木業欣欣向榮的這段期間，加州的小鎮奧里克欣然接受伐木工人和他們的家人來到周圍的山丘，眼看著小鎮人口增加至兩千人，鋸木廠多達四座。學校班級數也相對增加，並雇用更多位老師。有些伐木公司支付的稅金，多到能完全依靠其興隆的生意來維持社區運作。奧里克是個不斷變化的社區，公路兩旁是一整排汽車旅館，有人還記得「川流不息」的木材運輸車時常出入這些旅館。當時某位居民這樣告訴記者：「奧里克需要的僅僅是時間。」人們在河岸搭建起臨時的營地，一家人都住在帳篷裡。「現在鎮上有些人住在中空的樹幹裡和舊木板底下，但是在木業興盛時期，每個鎮上都經歷過這種狀況。幾年後又恢復原狀了。」

有個叫作約翰・古菲的男人在這木業蓬勃發展的時刻來到鎮上。約翰・古菲剛開始伐木時，教導他和他哥哥的父親對著他說，如果你學會怎樣當個優秀的伐木工人，就絕對不會失業。他在

---

①譯注：「樂觀的陰謀」（conspiracy of optimism）一詞取自保羅・赫特（Paul W. Hirt）所著《樂觀的陰謀：第二次世界大戰以來的國家森林管理》（*Conspiracy of Optimism: Management of the National Forests since World War Two*），作者在書中主要探討二戰之後的二十年，美國國家森林局決定以密集的管理來執行森林的「生產」和「保育」這兩項任務，並以「樂觀的陰謀」遮掩高度資源開發造成的生態破壞事實。

北加州的西部長大，有九個兄弟姊妹，伐木是他生活中的主要部分，以致於後來發現自己是在不知不覺中學會這件事。約翰・古菲解釋道：「你的典範就是從那兒來的，那是一種生活經驗。」

然而，伐木業在北加州漸漸消失，一九五五年他跟著在洪堡郡找到伐木工作的一個哥哥搬到這裡。約翰・古菲結了婚，有三個兒子和一個女兒。他的妻子凱蒂（Kitty）是出了名的有力氣。雖然幾乎不到一百一十磅，常有人看見她揮舞著一把長柄大錘。擔任伐木監工的約翰・古菲從洪堡郡的一間大木業公司換到另一間：哈蒙德木業公司（Hammond Lumber Company）、喬治亞太平洋公司（Georgia-Pacific）和路易斯安那太平洋公司（Louisiana-Pacific，為喬治亞太平洋公司成立的另外一家公司）。他身上帶著包尿布的孩子們坐在伐木工具上的照片，並且讓兒子們參加波普・華納（Pop Warner）美式足球隊。[2]最後則成為一名傳教士，還負責主持婚禮。

但是在約翰・古菲抵達奧里克後不久，這小鎮的布局卻永遠改變了。

——

梅溪是將形成紅木森林的大草原溪和紅木溪盆地的主要大水道連結在一起的流域。這些水道構成洪堡郡生態系統的命脈——紅木必須依賴水，正如它依賴扎根的土地。紅木的樹幹筆直伸向天空，繚繞在崎嶇陡峭海岸邊的霧氣能使紅木的葉子保持濕潤。海岸紅木過於高大，以致於根部吸收的水分到不了高高在上的樹冠。在乾燥的月分裡，紅木必須仰賴霧氣或是傾盆大雨，它們的葉子會吸收氮氣等養分。如此一來樹根就不用儲存土地裡的水分，以免在河岸地區乾燥時無水可用。即便在乾旱期，林地上腐朽的原木往往也是潮濕的，因此它們能供水給整個森林裡的生物。但是有強有力的證據顯示，紅木森林在持續承受大自然節奏之外的非法交易和干擾時，就無法欣欣向榮。而紅木非法交易的情形非常嚴重。

皆伐過程不但失去了表土，也為了開路而將小溪剷平。當約翰・古菲到達洪堡郡時，紅木森林中的皆伐行動已經大規模展開。在洪堡郡的森林中，根系不再能容納極大的年度降雨，水路也開始氾濫。樹根遭到亂砍、缺乏次生林，以及灌木被夷平等因素使土地變得不穩固，加上為了運送砍下來的木材而在森林深處建造道路，同樣加快了土壤侵蝕和棲地破壞的速度。一九五五年十二月，加州北岸浸泡在滂沱大雨中，三天內降雨量高達二十四英寸；強風折斷大小樹枝，洶湧的

---

②譯注：波普・華納美式足球隊全名為波普・華納小學者（Pop Warner Little Scholars），為一非營利組織，在美國與全世界其他國國家推動青少年美式足球相關活動。

水流將這些樹枝沖下山坡，沖進奧里克鎮。

隨著雨滴不斷地落下，土壤的重量很快就超過地表自我控制的能力，引發山崩，導致千年紅木倒塌，也讓這地區布滿淤泥和土。某位居民回憶起曾經目睹有人將整棟房子「綁在伐木卡車上」，以免飄走。某位當地護管員形容大雨過後的森林是一幅「月球表面的景象，山脈赤裸裸的邊緣都暴露出來了」。

然而伐木並沒有在這場災難後停止。一九六四年，大雨再一次重擊山區地面，另一次嚴重的洪水橫掃整個鎮。這使得包括山巒俱樂部在內的環保團體產生一股急迫感，他們與拯救紅木聯盟想要制定能停止該地區皆伐活動的保育措施。洪水替伐木業產生的負面影響提供強烈的視覺圖像與情感表述，這正是環保團體為建造國家公園所需要的。

在第二次洪水之後，也就是約翰・古菲搬到洪堡大約十年之後，他說自己參加了路易斯安那太平洋公司的一場會議，聽到有人提議將公司持有的某些土地變成國家公園。他很不高興：「我想，這就和其他事情一樣，不過是他們自己的政治算盤，而不是替人民打算……他們要把你的工作搶走，然後告訴你，他們是對你施恩。」

設立國家公園的遊說活動如火如荼地開始進行。一九六八年四月，美國眾議院國家公園與遊憩小組委員會（US House of Representatives Subcommittee on National Parks and Recreation）前往北加州巡視，[1]記錄了數百份報告書。四月十六日，奧里克汽車旅館老闆珍・哈古德（Jean Hagood）坐在小組委員會主席面前，斷言在旅遊業刺激下的國家公園經濟，會比景氣好好壞壞的木業經濟更持久。然而她只不過是幾位支持森林保育的當地人之一。當山巒俱樂部成員與地方支持人士在洪堡郡會面時，他們很明智地把車子停在幾個街區之外，小心維護出席居民的隱私，這些人不願意讓鄰居發現他們贊成設立國家公園。

將「伐區」（cut block）——之前獲准砍伐的地區，有些為私人林地，有些由國家森林局管理——移轉給國家公園管理局的計畫不受人歡迎。在珍・哈古德發言支持設立國家公園的同一場公聽會上，她的鄰居瑪麗・盧・康姆斯迪克（Mary Lou Comstick）主張如果關閉兩座奧里克附近的鋸木廠，將對該鎮的農場與酪農場造成傷害。許多本地工會強烈抗議設立國家公園；他們派出包括巴羅在內的幾名成員，拿著上面寫有「不要把我們的工作變成國家公園」的標語牌，或身穿印有「伐木家庭：瀕危物種」的T恤，向國家公園的諮詢會議提出抗議。他們說在國家公園的建築物裡當工友，絕對無法得到和伐木一樣的收入和工作機會。小組委員會收到來自華盛頓州某個林務員的警告，他將奧林匹克國家公園（Olympic National Park，占地九十萬英畝，於一九三八年被指定為國家公園）描繪為即將發生之事的預兆：「圍繞在國家公園周邊的小鎮和社區，其經濟與人口成長，呈現出遠低於整個華盛頓州平均數字的狀況。」

遭遇這一切反對的美國內政部，提議向奧里克等受到影響的社區提供財務方面的緊急援助計畫。拯救紅木聯盟建議，政府應該補償伐木社區損失的稅收，並以遞減原則發放救濟金，直到旅遊業能抵銷消失的木業收入為止。但是拯救紅木聯盟自己的執行董事德魯里事後承認：「（伐木社區）是否能完全恢復原來的景氣是個嚴重的問題。該地區的旅遊業發展有其限度，而且也應該要有限度。」作為回應，奧里克的商會要求國家公園裡不能有販賣食物的攤商，如此一來遊客就必須在鎮上花錢。

在兩年的時間裡，國會通過了國家公園的法案，最後保留五萬八千英畝紅木林地，包括其中約一萬八千英畝的紅木溪沿岸與其流域。紅木國家公園於一九六八年十月二日正式成立，公園邊界與奧里克鎮相鄰。如居民所要求的，國家公園裡沒有設置食物攤位或營地，這表示訪客必須在鎮上加油、搭帳篷和停下來吃飯。

說起創立紅木國家公園的歷史名聲，人們往往把焦點放在開了聯邦政府併吞私人土地，使其成為公有地的先例，而沒有談論此事對當地社區造成的餘波。政府雖然補償木業公司損失的利潤，卻從未具體實現對工人的救濟。不僅鋸木廠關閉，伐木工司在國家公園整併他們的林地之後就從該地區消失了。剩下的就是以服務業為主的經濟：替遊客加油的加油站，和珍・哈古德讓遊客過夜的的汽車旅館。次年夏天林登・詹森（Lyndon Johnson）總統的妻子「小瓢蟲」・詹森

（Lady Bird Johnson）[3]替公園舉行落成典禮，某片紅木林就是以她的名字命名。

伐木工人約翰・古菲自己開了一家木業公司，替剩餘林地裡的工作開創出一片天地。

某些人將一九六八年訂為奧里克經濟出現困難的起點，然而這只是接下來幾十年緩慢改變的開始，此時已經埋下長期失業、房屋需求下降，以及在一九八〇年代到一九九〇年代太平洋西北沿岸各地爆發木材戰爭之前，就已經在悶燒的反建制（anti-establishment）情緒等種子。

隨著這座國家公園成立，北加州在一九六〇年代末到一九七〇年代初湧入許多新居民。在海特・艾許伯里（Haight-Ashbury）嬉皮社區燃燒殆盡的的嬉皮夢殘影中，許多人前往北方，作為反文化運動的部分行動。他們發現垂死的伐木村子、許許多多房間，和阿克塔（Arcata）與加伯維

③譯注：「小瓢蟲」・詹森是一九六三年到一九六九年的美國第一夫人克勞狄雅・阿爾塔・泰勒（Claudia Alta Taylor）的綽號。

爾（Garberville）等城市裡的社區。許多新居民被冠上「拉開紅木窗簾」的功勞——也就是說他們把外面的世界帶進來，藉此減緩該地區文化孤立的狀況。很快就被人取了「SoHum」綽號的南洪堡郡（Southern Humboldt County，這個綽號後來自然而然就簡短成了「Shum」）就成了前景看好的地點，可以讓人在新的農地運動中占有一席之地。作家大衛・哈里斯（David Harris）觀察到洪堡郡住了兩種人：「一種是看來起來剛從海軍陸戰隊退伍的人，另一種是看起來剛從死之華搖滾樂團（Grateful Dead）④的演唱會出來的人。」

前柏克萊政治活躍人士簡奇・安德斯（Jentri Anders，住在南洪堡郡的她，以其位於反文化運動中的有利位置寄出大量信件給本地報紙編輯）寫道，當時的洪堡郡正經歷「巨大的衝擊」。北加州鋸木廠關閉造成資金外流，洪堡郡和門多西諾郡（Mendocino County）那些回歸土地運動（back-to-the-land movement）⑤人士可以住在「之前未開發的整個流域」。當這些人抵達時，目睹的卻是工業如何影響了自己想遁入的大自然。他們發現供水被曾經用在伐木林地的殺蟲劑汙染，並且悲嘆著與伐木業相關的資本主義，這與他們的當務之急背道而馳。對安德斯來說，將嬉皮和木材工人合併在一起是「一團混亂」——這是一個在反文化運動之下定義自身的新社區，嘗試將自己（與其理念）整合在之前建造的社區之中，後者在自然資源開採的突發奇想中發跡，繼而又吃盡苦頭。

同時，許多環保運動人士對於一九六八年設立的紅木國家公園裡保存的森林數量，還是不滿意。一九七六年，內政部提議進一步擴張該國家公園的面積，以保護紅木溪上游一片即將被砍伐的四萬八千英畝林地。這個擴張提案將使國家公園的規模，增加到擁有十萬〇六千英畝受保護的森林，不僅將過去十年來如漂浮孤島的小面積公園連接在一起，也能讓之前被砍伐的森林恢復原貌。

洪堡郡的伐木社區發現他們面臨更多鋸木廠關閉的命運。如果國家公園繼續擴張，預計將有一千三百個人失業，包括六百一十一個伐木工人和鋸木廠工人。正如一九六八年的失敗經驗，他們無法仰賴旅遊業填補兩者之間的差距：雖然據估計在一九七〇年代，每年造訪紅木國家公園的旅客有四十萬名以上，但許多人都只是直接穿越奧里克等小鎮，沒有在鎮上停留；他們會把車

---

④譯注：死之華搖滾樂團於一九六五年在加州帕羅奧圖（Palo Alto）成團，曲風融合了爵士、鄉村、藍調、搖滾、迷幻等各種音樂元素，為一九六〇年代舊金山灣區反文化運動的一部分。

⑤譯注：回歸土地運動是一九六〇與七〇年代的北美社會現象，當時住在城市的人們有感於與自然脫節以及消費主義蔓延等現代生活的負面價值，於是獨自或舉家遷往鄉間，嘗試過著自給自足的農耕生活。

停在紅木公路的停車點和短距離步道的起點旁邊。

木業公司、卡車司機工會和伐木工人抵制擴大國家公園的計畫（該區附近開始四處出現告示牌，牌子上最常見的口號是「工作不會從樹上長出來」）。在公開的活動中，演說者懇請國家公園和政府代表「為謀大眾福利而努力，不要讓我們去領社會福利的救濟金」。投資公司阿克塔國營企業（Arcata National Corporation）的主管威廉・沃爾許（William Walsh）向美國參議員的委員會作證：「紅木不可或缺的低溫、雨水和霧氣，讓想度假的人對這地方興趣缺缺。」

這地區剩下的伐木公司再次獲得聯邦政府的賠償金，以便減緩擴大國家公園帶來的後果。這一次，政府撥出額外款項給員工再教育、穩定就業與社區經濟發展所需。政府投資三千三百萬美元在集水區復育計畫上，並承諾雇用之前的伐木工人和鋸木廠工人擔任相關工作。另有兩千五百萬美元撥給紅木雇員保護計畫（Redwood Employee Protection Program），提供收入和津貼給木材產業中的失業者。國家森林局被要求考慮在附近的六河國家森林（Six Rivers National Forest）增加伐木活動。特別是政府也指示內政部，要讓因為國家公園擴大而失業的人，去擔任國家公園裡六十個新職務。

政府提出的以上所有措施，都難以安撫伐木家庭的恐懼。內政部長塞西爾・安德魯斯（Cecil Andrus）預期國家公園擴大將產生的後果：「有些問題會發生在個人身上。假設某人大約五十或五十五歲，他成年後都在森林裡開牽引車，一輩子都住在這地區的小鎮上，你很難重新訓練他做別的事，或者讓他搬家。」

到了一九七七年，有愈來愈多洪堡郡的伐木工人覺得內政部沒有聽見自己的心聲。為此他們組織了從尤里卡（Eureka）開到華盛頓特區的卡車車隊，這趟旅程將能傳達他們的訊息，而不會受到他們覺得對森林保育行動有所偏袒的媒體影響。奧里克的居民舉辦義大利麵餐會、烤肉和抽獎等活動，替這趟旅程募款。他們砍下一棵死去的紅木放在卡車，來自奧里克的退休伐木工人史提夫・弗利克就說：「這是為了讓人們看見這棵樹死了；幾年後這東西就會出現在地上，白白浪費掉。」

「向美國喊話」（Talk to America）車隊由一輛紅色半掛車帶頭，這輛車拖著一截十九英尺長、雕刻成花生殼形狀的紅木木。他們的最終目的是要把這雕刻品送給兒時家裡種過花生的卡特總統（Jimmy Carter）。標語牌上這樣寫著：「對你而言它是花生，但對我們而言它是工作！到底還要把我們逼到什麼地步？」

一九七七年五月，車隊從尤里卡出發，來自華盛頓、奧勒岡與阿拉斯加的卡車在半途加入。這趟路一共走了九天，沿途在雷諾（Reno）、鹽湖城、底特律和其他城市停留，伐木工人聚集在市中心，向路人發送紅木樹苗，提出他們反對設立國家公園的理由。但是一路上他們也遭到許多人的反彈。他們的旅程不時被對著卡車司機亮出中指和罵髒話的人打斷。弗利克說：「他們不同意這整件事，認為應該把我們通通關進監獄裡。」

到了華盛頓特區，伐木工人穿上工作服、戴上安全帽，聚集在國會山莊的階梯上進行抗議活動。抗議者把卡車停在國會山莊外，向裡面傳話說有禮物要送給總統。他們把載著那塊紅木花生的卡車停在附近，有人打開灑水器對準他們。卡特總統派出兩名助理，兩人聽取伐木工人的演講，但拒收大花生，說這禮物並不得體，浪費了美國珍貴的木頭。卡特的特助史考特・伯耐特（Soctt Burnett）告訴這群人：「把木材做成這樣很不實用，我們想看到用這塊木頭做出實用的東西。」

就這樣，弗里克自己開著伐木卡車經過科羅拉多州回家，正當他「又累又氣得半死」的時候，一輛福斯廂型車開在他旁邊。廂型車的乘客打開車窗對他吼叫和比中指。弗里克通常會讓他們先開走，但是他前面的卡車司機用無線電說：「我要堵他們——讓他們停下來。」兩輛卡車把那輛廂型車夾在中間，擋住去路，逼它加速。

這時弗里克的卡車滑進水溝裡，他坐在乘客座位的太太發出尖叫聲。所以這兩個伐木工人才放慢速度，放廂型車走。然而在一座山丘底下，車隊逮住停在一座電話亭旁邊的廂型車。開在弗里克前面的司機停下卡車，下車來到廂型車後面，然後抓住車架往上盪去，雙腳踢到車子的擋風玻璃並踢成碎片。結果車隊只好在一名警察押送之下，才一路開出科羅拉多州。

最後，國家公園擴張案還是不顧種種反對聲音，繼續進行。山巒俱樂部和拯救紅木聯盟等團體利用大眾的內疚感，號召城市支持者的熱情，進一步保護紅木森林。森林社會學家羅伯特・李（Robert Lee）說城市人比較會對大自然產生內疚感，認為原因是城市人與大自然疏離，而不是有所共鳴，進而在某份研究裡寫道：「他們很可能是把樹木當成不朽或延續的象徵。」反之鄉下人則是「能活在熱愛大自然與砍樹的矛盾情緒之中。他們接受生命就是如此」。

山巒俱樂部會長艾德格・威伯恩後來這樣對歷史學者弗萊說：「人們幾乎用宗教情感看待紅木，我認為這是讓我們能向大眾傳達擴張國家公園理念的最重要因素。」

那塊紅木雕刻成的花生殼至今還放在奧里克的海岸線熟食店與市場（Shoreline Deli and Market）外面，在雨中慢慢腐蝕，變成碎片融入土中。它提醒著人們過去曾打過的一場仗。

第五章　戰區

「對啦，那太傷人了。他們拿走一切，然後我們失去了一切。」

——克里斯・古菲

一九八二年十月，德瑞克・休斯出生於內華達州的斯帕克斯（Sparks），父母是琳恩・休斯與丹尼斯・休斯（Lynne and Dennis Hughes）。兩人在德瑞克幼兒時期就離婚了，他和姐姐跟著琳恩搬到她家人和親戚所在的加州沙加緬度（Sacramento）。琳恩在當地遇見賴瑞・內茨（Larry Netz）後與他結婚，內茨協助她養育年幼的孩子。夫妻兩人想住在生活費較低的地方，於是在一九九三年，也就是德瑞克上六年級的那一年，他們全家搬到加州北部，在阿克塔安頓下來。

擴大紅木國家森林之後，十年過去了，一份由美國國會審計總署（U.S. General Accounting

Office）於一九九〇年初所做的研究中指出，因應國家公園擴大而在洪堡郡推行的經濟與就業方案沒有成效。該研究說，許多人趁機申請與自己資格不符的福利，而這些福利可能使工人不想去找新的工作。再培訓計畫也延後進行。[1]到了一九八八年，政府已經在三千五百人身上花了一億〇四百萬美元，其中只有不到百分之十三的人接受再培訓。在該地區發生的所有經濟復甦都歸因於退休人士的湧入。某位批評家對這筆資金如此評論道：「從來沒有這麼多人為了這麼少人付出這麼多錢。」

該報告證實，在過去十年間，太平洋西北地區進入一段經濟動亂時期。在國家公園擴大之後的二十年間，一場被稱為「木材戰爭」（Timber Wars）的戰役即將在太平洋西北各區擴散開來。這場仗在加拿大叫作「森林裡的戰爭」（War in the Woods），並且在溫哥華島克拉闊特灣（Clayoquot Sound）的最後對決，以及海達瓜伊群島（Haida Gwaii）的抗議活動中達到最高點。德瑞克・休斯抵達洪堡郡時，正好趕上見證該地區擾動的憤怒情緒。

在一九八〇年代初的經濟衰退期，建築材料需求下跌導致經濟騷動，伐木社區紛紛裁員。一九八二年，奧勒岡州的失業率高達百分之二十；該地區各地伐木公司打破工會協議，裁減時薪。伐木家庭被迫陷入經濟不穩定，同時也是社會不穩定的狀況：一九八三年，一份失業與其後果的研究提醒讀者「統計數字就代表了人民」。

一九九〇年，經濟才剛開始恢復，北方斑點鴞（northern spotted owl）被列為《瀕危物種法》（Endangered Species Act）中的受威脅物種。喀斯開（Cascadia）[1]的伐木社區和這些作為生態系統健康與否指標的小鳥兒屬於同一個生物區，然而喀斯開卻徹底改變了。北方斑點鴞需要大面積的老熟林才能存活，一九六〇到七〇年代的皆伐已經嚴重危害到該物種。伐木公司也經常受委託進行植樹計畫，以利達到新的生長週期，但是北方斑點鴞卻是為何努力植樹，卻無法造林的主要例子。次生林地往往只種植單一樹種，例如：生長迅速因而能快速砍伐的道格拉斯冷杉。然而北方斑點鴞（以及其他物種，尤其是斑海雀〔Marbled murrelet〕）只住在老熟林裡，牠們喜歡在非常粗大的樹幹上的樹洞裡築巢，高聳的樹木也是牠們從高處獵食的最佳環境。

就是從那個時間點開始，法令禁止會破壞北方斑點鴞棲地的伐木活動。看到北方斑點鴞在枝頭飛掠的伐木工人有義務通報，之後必須立刻停止工作。這鳥兒於是成為華盛頓、奧勒岡和加州保育活動人士的吉祥物，因為只要在沒有人為干預的情況下，牠代表了森林的**原有樣貌**。北方斑點鴞被歸類為瀕危物種是山巒俱樂部等保育團體的恩賜，他們開始訴諸法律（以及抗議與遊說等活動）作為阻止伐木的策略。這類針對森林局和私人伐木公司的訴訟使伐木活動暫停，直到結局已定為止。勞工史學者艾瑞克・盧米斯（Erik Loomis）對此表示，這種做法「破壞」保育活動人士與伐木工人之間「可能存在的合作關係」，缺少工作對後者造成的影響最大。

同時，在加拿大溫哥華島的森林裡也發生類似的對抗，這些森林之後成為英屬哥倫比亞省最具代表性的幾座國家公園。在一九七〇年代中，該省的《森林作業法》（Forest Practices Act）將島上剩餘森林的控制權交給少數公司。皆伐在邁入一九八〇年代之後愈來愈興盛，其結果就是環境遭到大規模破壞。例如：林業工作者在現場調查時發現皆伐林「就像大烤箱」，非常炎熱，完全不利於新樹木的生長。當時某個伐木工人說：「我們有人十年前就明白樹被砍掉太多了，可是沒人在乎。我們沒有影響力，我們提出的警告沒人要聽。」

一九九三年四月，該省的政府發布一項在克拉闊特灣區伐木的計畫。該區三分之二的原生雨林都開放讓伐木公司與政府簽約。為此環保人士發起的抗議活動在同年夏天愈演愈烈，約有一萬一千人參加延續到秋天、為期五個月的抗議行動。這場抗議行動成為加拿大歷史上規模最大的公民不服從運動。

這場「森林裡的戰爭」發生在驚人的環境破壞與失業災難的交會點上：從一九八〇年到一九

---

①作者注：即哥倫比亞河（Columbia River）流域，以及喀斯開山脈（Cascade range）周圍地區。喀斯開生物區（Cascadia bioregion）是從北方的阿拉斯加一路延伸到加州北部的一塊區域。

九五年，伐木業少了百分之二十三的工作。於此同時產量卻節節上升，皆伐使得森林坑坑疤疤。伐木工人與環保人士彼此對立。跨產業與跨利益的工作小組紛紛成立但又迅速解散；在某些情況下，環保人士退出協商，因為討論的速度過於緩慢，而伐木卻依舊持續。進行反抗議的伐木工人告訴媒體，他們想讓自己的孩子有機會在森林裡工作。有些公司策劃罷工；共有一萬五千名木業工作者參與了這場英屬哥倫比亞省史上規模最大的群眾抗議活動。

即便有地理上的分隔，這場戰爭也足以激起島上散布各處的小城鎮居民的憤怒，做出輕率的判斷。最直言不諱的團體「克拉闊特灣區之友」（Friends of Clayoquot Sound）的總部位於風景如畫的小鎮多芬諾（Tofino），這裡的房價比鄰近工人階級居住的伐木城鎮尤克盧利特（Ucluelet）高一倍。尤克盧利特的失業率則是比多芬諾高一倍，後者的工作機會較多為管理職或傳統的中產階級。相對而言，尤克盧利特的工作較多屬於工業或製造業。這兩個社區正代表工人與環保人士之間的巨大分歧。

當國際環保組織綠色和平（Greenpeace）開始擴大參與抗議行動時，緊張情勢逐漸升高。該組織用卡車載來外地的抗議人士，並拿錢資助反伐木的公關活動。當地人批評綠色和平不尊重伐木工人的看法，某些溫哥華島上的綠色和平成員最後對組織的對抗力量感到幻滅，於是決定不參加阻擋伐木工人工作的抗議活動。努查努阿特人（Nuu-chah-nulth）部落委員會（他們致力於阻止伐木）的領導者尼爾森・奇特拉（Nelson Keitlah）指控許多環保活動人士在這場爭論中「根本沒有冒任何風險」；奇特拉還說他們的努力妨礙任何可能發生的合作關係（之後綠色和平聲稱奇特拉的部落已經被伐木公司收買）。

在樹冠和伐木林地入口處紮營的抗議人士被帶離封鎖地點，最後有九百人被捕。但抗議人士成功對英屬哥倫比亞政府施壓，保留了溫哥華島克拉闊特灣區百分之三十四的林地。

這一切都發生在太平洋西北地區（Pacific Northwest society）這更廣泛的概念迅速改變之際。波特蘭、西雅圖和溫哥華選擇高科技經濟型態，捨棄運輸業、重工業和出口業。這不只合乎邏輯，也是合乎哲學與道德的轉變。許多人苦苦掙扎，看著他們的公共聲譽從有用的工人，瞬間變為他人口中的反道德力量。木業工人在往往虧待他們的公司和自己的收入之間進退兩難。他們更想要工作，而非抗議。

工會面對著引領成員熬過這些改變的挑戰，然而他們選擇煽動反環保主義者的憤怒，而不是附和開戰前對公司濫伐提出的警告。可是現實狀況是木材產業基於許多理由已經在走下坡，濫伐只不過是其中之一。木業公司將森林裡的工作機械化，把木材原料出口到亞洲進行加工。木材產業的就業率在過去數十年來持續下降；二十世紀初伐木替華盛頓州的工人帶來百分之六十三的就業率，奧勒岡州則是百分之五十二，可是到了一九五五年，其中的數萬個工作都已消失。等到一九九〇年代中期，奧勒岡只有百分之六的人口靠伐木賺錢。據說伐木家庭住在帳篷和露營車裡，但他們覺得和這地區緊密相連，拒絕遷出。此外他們更覺得自己年紀太大無法接受職業訓練，許多人受過的教育沒有比十年級高多少。

在這一波改變中，無論砍伐的是道格拉斯冷杉或原生紅木，採取大規模、皆伐方式的伐木公司首當其衝。一八五〇年到一九九〇年間，有百分之九十六的紅木因伐木而消失。一九八五年，休士頓商人查爾斯・赫維茲（Charles Hurwitz）收購了太平洋木業公司，買下洪堡郡大片原生紅木林，藉此擁有該區大部分剩餘的紅木。赫維茲收購的資金來自垃圾債券，他的投資迅速獲得報酬，太平洋木業將其砍伐量加倍，還侵吞員工退休金、變賣資產，然後將主要為擇伐的伐木方式改為皆伐。就在收購後的幾週，在一張照片上，赫維茲和他的兒子看著一場「伐木秀」，紅木從他們腳下的山坡被剷除。這種漠視珍貴資源逐漸減少的厚顏無恥行徑震撼環保人士，引發該地區大規模抗議行動。眾人針對這個議題展開激烈辯論。伐木工人認為抗議皆伐就是反對他們的工作，不但在一種生活方式瀕臨滅絕時否認其重要性，也充分展現這些人試圖誤導民眾對森林產生浪漫情懷。

除了赫維茲扶持的國內紅木市場，也有另一種紅木市場逐漸成形。紅木需求在歐洲蓬勃發展，會拿紅木樹瘤來製作家具和豪華車款裡華麗吸睛的汽車面板。像泡泡般突起的眾多節瘤從紅木樹幹上長出來，或在森林地表發芽，纏繞在根系中。最大的樹瘤長在地底靠近樹根處（最壯觀的樣本是一個一九七七年挖掘出的樹瘤，寬四十一英尺，重達五百二十五公噸）。每個樹瘤裡面長著一個平滑無節的樹木，演化數千年的樹種擁有的大部分DNA就在其中。這絕美的木材不需要染色，只要磨光即可。

伐木公人與公司簽約，從已經被他們砍下的樹木底下採集樹瘤；他們帶著十字鎬進入森林，在樹幹附近挖掘，留意地底下隆起的樹根，就像是在花園裡挖洋蔥那樣。他們用挖土機鬆動樹木或殘幹，直到根系啪地一聲折斷，根球與附著其上的大樹瘤連帶露出地面為止。

樹瘤上往往覆蓋著幼苗與芽。當紅木倒下或從底部被切除時，樹瘤就會結子並從土裡長出新芽，這棵紅木的一小部分就能重新生長。在《林地》（*Woodlands*）一書中，樹木研究者暨歷史學家奧利佛・瑞肯（Oliver Rackham）斷言，紅木樹瘤的演化或許是一種適應性，以對抗恐龍的嚼食。他問道：「但即使是最強壯的恐龍，就能破壞巨大的紅木嗎？」

把樹瘤鉤在挖土機或反鏟挖土機上之後，伐木工人就把它拖到平地上清理並用電鋸修剪。一名伐木工人回憶道，來自德國和義大利的出口商會搭飛機過來檢視挖出的樹瘤：「這些有錢的老男人會在樹瘤旁邊走來走去，挑選要買的樹瘤。」一九九〇年代初，一磅樹瘤可以賣十分錢，但有時候一磅也高達五美元，因此一個重一萬五千磅的樹瘤可以賣一大筆錢。一個樹瘤以四十五萬美元的價格賣給某汽車製造商，或某個買家一次買一百噸的樹瘤回家的情形，都時有所聞。這名伐木工人說，有時候伐木團隊沒有告訴地主，就砍下超出被要求砍伐的樹瘤數量，藉此中飽私囊。

——

木材戰爭的另一方是抗議人士，其中一人叫達里爾・錢尼，他從曼哈頓跑到奧勒岡，然後往南來到加州的加伯維爾落腳。他在一九八〇年代加入對於伐木造成周遭土地危害這件事情，愈感憤怒的嬉皮社區。錢尼成為洪堡郡反伐木運動的推手，這些人用諸如橡樹、河流與和諧等名字自稱。其中最有名的茱莉雅・「蝴蝶」・希爾（Julia "Butterfly" Hill）多年來住在一棵她取名為露娜（Luna）的紅木樹冠上，這棵樹就在太平洋木業公司的所有地上。

外界認為這些自稱為「抱樹人」（tree hugger）[2]的反對人士是多愁善感的保護主義者；然而一成不變的伐木社區居民卻不信任他們。許多伐木工人懷疑有心人士將這些抗議者從別的地方「帶進來」，好搞垮一切。錢尼曾經告訴另一名環保運動人士葛瑞格・金（Greg King），他可以感覺到樹木被鋸子鋸開時的痛苦。伐木工人覺得這種情緒是無用的浪漫主義，但海岸紅木的演化特別使這些樹木看起來超凡脫俗、充滿靈性。舉例來說，在遭到雷擊之後，紅木可能會長出高聳入雲的「再生」新樹幹，生根於旁邊地上的其他紅木相形之下顯得矮小得多。在某個引人注目的例子中，有人發現一棵一百四十英尺高的紅木從另一棵紅木的枝幹中長出來，這棵樹被稱作是「自然本性中有著不尋常興趣的怪胎」。就在這些離地面兩百英尺高的樹枝上，樹洞裡會長出越橘莓叢，整個生態系統獨立於地面而存在。

之後錢尼活躍於美國歷史上最具影響力的環保行動團體之一「地球優先！」的洪堡郡分會，該團體的座右銘是「致力保衛大地母親，毫不妥協」。當錢尼往南行時，「地球優先！」那往上舉起的綠色拳頭標誌出現在太平洋西北各地的車子保險桿貼紙上。受到愛德華・艾比（**Edward Abbey**）在《搗蛋幫》（*The Monkey Wrench Gang*）一書中虛構描述的啟發，一九八〇年代末「地球優先！」的活動給這團體帶來激進行動主義的危險名聲，他們的做法包括釘樹（**tree-spiking**），也就是把大鐵釘釘進樹幹，以便破壞用來砍伐樹木的伐木機具。釘樹危及伐木工人的生命；接觸到鐵釘的機具有時會壞掉，從中射出尖銳的金屬碎片。到了一九九〇年代，「地球優先！」成為聯邦調查局監督的對象，不過洪堡郡分會的成員譴責釘樹的行為。

在洪堡郡，團體成員主要鎖定一塊叫作水源森林（Headwaters Forest）的三百英畝土地，這塊地屬於新的太平洋木業老闆赫維茲。但是他們也入侵其他幾塊已知保存老熟林的私有地，這些人在身上穿戴樹枝偽裝起來以便融入森林，在林中紮營。到了一九八〇年代晚期，洪堡郡氣氛緊繃，只要是靠伐木賺錢的人，都會把國家公園護管員當成環保運動人士，以及把生物學家和抗議人士混為一談。

對許多不滿於伐木的經濟能力逐漸下降的人而言，環保運動人士成為顯而易見的代罪羔羊。停止伐木是逐漸發生的狀況中令人措手不及的例子：某天，數百人突然間失去工作。伐木工人發現自己站在十字路口，許多時候他們的反應顯得既反動又不恰當。諸如此類的擋泥板貼紙和標語隨處可見：「拯救一名伐木工人、吃一隻貓頭鷹或地球優先；以後我們去其他星球伐木。」某個貼紙完全表現出仇恨的精髓：「你是個環保人士，或者你必須為了混口飯吃而工作？」

媒體對這場危機的描述令伐木工人感到沮喪：社論漫畫描繪伐木工人坐在殘幹上，等著樹的幼苗長得夠大來砍伐。某張諷刺畫裡畫了一個戴著電影《德州電鋸殺人狂》（*Leatherface: The Texas Chainsaw Massacre*）的皮製面具，圖說是「奧勒岡電鋸殺人狂」。這些都是對工人階級的伐木者的刻板印象，而不是對伐木公司的批評，但後者才具有讓伐木工人更加遠離保育活動的影響力。一九九〇年，華盛頓大學的社會學家羅伯特・李（Robert Lee）告訴報紙專欄作家吉姆・彼得森（Jim Petersen），「（刻板印象的）受害者」終究會有「人為後果」，包括難以擺脫的憤世嫉俗，以及憂鬱情緒的惡性循環。李主張社區崩解將導致個人與家庭問題，包括家暴與離婚。

當時雙方都有臥底的人。一名伐木工人的妻子肯蒂・博克（Candy Boak）潛入環保人士的會議，破壞錢尼第一次試圖進行的坐樹抗議。在森林裡某個抗議人士走向一名伐木工人，搶走他的斧頭，丟到山溝裡，結果被伐木工人揍了一頓。事後，錢尼把一名坐樹抗議的人戴上手銬，並告訴郡法院外的人群，此人是「在拯救紅木戰鬥中的戰犯」。他開始和之前負責組織工會的茱蒂・巴里持續合作；搬到洪堡郡之前，巴里就讀於馬里蘭大學，當時她聲稱自己的主修科目是「反越南暴動」。

在加州以木匠為業的巴里，先後把路易斯安那太平洋木業、喬治亞木業，然後是赫維茲，都當成敵人，但伐木工人並不包含在內。她樂意討論，也會上當地廣播節目，傾聽伐木工人向她訴說他們的人生。一位名叫厄尼（Ermic）的人告訴她：「我的意思是，伐木是我的生命，伐木是一項傳統。它一直在進行，而且看起來一直都會有足夠的樹可砍。」巴里認為自己的角色是向伐木工人傳遞訊息的信使，不過卻令人懷疑她是否能達到這個目的。她筆下充滿了挫折：「總的來說，伐木工人要不就是替伐木公司幹些卑鄙的勾當，要不就是默不作聲。」巴里希望當地公司不要輕輕鬆鬆就操弄工人的恐懼心，然而她也批評環保運動缺乏階級意識。

這場運動中充斥著錢尼這一類激進分子，他們來自他處，參與社區活動，但在當地扎根不深，甚至與當地一點關連性都沒有。這群人偏好暴力辭令：例如，伐木公司在「強暴」森林。在這一點上，巴里難辭其咎，她把路易斯安那太平洋木業公司的前總裁冠上「罪大惡極的樹木納粹」名號。她稱那些不同意樹木保育行動的伐木工人「等同於密西西比州的白人種族主義者……他們被這體制給利用了。但是他們就是那種不太聰明，會對這一套深信不疑的人。」在某場「地球優先！」示威演說中，理應對當地工人階級伐木社群裡的伐木者表示同情的巴里，卻辜負了他們的心意：「此外這裡近親繁殖的情形太嚴重。這裡是鄉下，基因庫不大，有些家庭已經在這裡住了五代了。」

這種用語激怒了伐木工人和鋸木廠工人；他們被控強暴森林，然而這裡和他們去健行與露營的是同一座森林，是他們建造家園的地方。他們懼怕無樹可砍的未來，而這樣的焦慮很容易就演變為憤怒：「你他媽的嬉皮共產黨，我要宰了你們每一個人！」巴里回憶起在一次「地球優先！」的道路封閉行動中，有人對著他們這樣吼道。一九九〇年二月，某個「地球優先！」抗議人士把自己鎖在一輛停在紅燈前的伐木卡車上，事後卡車司機告訴《舊金山紀事報》（*San Francisco Examiner*）：「我認為我擁有這片土地。」

這地區的暴力行為到達白熱化。巴里和錢尼打算把一九九〇年夏天變成「紅木之夏」（Redwood Summer）——也就是重新啟動一九六〇年代人權運動「自由之夏」（Freedom Summer），[2]只不過重點在於環境保護。這年夏天，主要環保活動人士打扮成貓頭鷹，在森林裡的樹上靜坐抗議，並且在鰻河河岸舉辦一場慶典。同一時間，伐木工人約翰・古菲叫承包商「把魯莽的人留在家裡，因為如果他們碰了某個把自己用鎖鍊纏在設備和大門上的那些人，那就會吃上官司了。」在碎木廠舉行的一場贊成伐木的抗議活動中，有個女人高舉一個令人擔憂的標語牌：「如果你奪走我先生的工作，他會拿我出氣。」

對伐木限制、環保行動主義，以及政府監控的憎恨，都在木材戰爭中深植於伐木工人心裡。不論是在個人或社區的層面，伐木社區都有很強烈的財務需求。到了一九九〇年代中，國家森林局護管員已經習慣在森林深處，聽到單一一把鏈鋸突然發出斷斷續續的嗡嗡聲。美國各地的盜木賊都在增加中。

②譯注：「自由之夏」是發生於一九六四年著名的黑人民權運動，當時一個叫作「學生非暴力協調委員會」（SNCC）的組織，動員了一千名來自北方的男女大學生，前往密西西比州協助黑人登記投票。該次運動對之後的女權運動、學運，乃至反越戰等社會運動都有一定的影響。

國家森林局在一九九一年成立了盜木專案小組（Timber Theft Task Force），他們派小組成員進入森林裡巡邏殘幹，監控價值高的樹林。三年來專案小組成員持續在指定為休閒用的樹林裡巡邏，尋找殘幹。他們監控有價值的林地，調查截至目前為止還逍遙法外的盜木賊。許多盜木賊都是白領階級，是企業法人，他們越界伐木，把非法取得的木材交給鋸木廠。

調查分部的成立，恰好與美國國家森林局與國家公園管理局的政策，轉為加強警備與執法的時間點相同。一九九〇年，在密西西比州海灣群島國家公園保護區（Gulf Islands National Seashore）的一名護管員遇害，以及在許多國家公園內發生了武裝械鬥與走私毒品等備受矚目的案件之後，政府要求護管員成為專業執法人員，他們被派去接受警察訓練。

盜木集團在太平洋西北地區柔軟的土地上留下腳印。但是調查人員也會出現在賓州與佛蒙特州筆直的樹林裡，以及俄亥俄州、紐約州與威斯康辛州的州立森林裡。矗立在美國東海岸的白橡樹、黑胡桃木和楓樹是在其他用途上很有價值，不過它們和在西岸令人嘆為觀止的紅木一樣受歡迎。

國家森林局依賴訴訟威脅與大筆罰金來制止森林犯罪，但發現他們難以嚇阻盜木賊。每年護管員都會在地圖和紀錄中註記殘幹和被砍下原木的座標。國家森林局對外否認盜木很容易逍遙法外的假設，然而事實上這種假設千真萬確：盜木確實很容易，這也就是為什麼有這麼多人鋌而走險。盜木專案小組要追捕的不只是盜木賊這樣的小角色，而是大型的木業公司；涉嫌在奧勒岡國家公園非法伐木的威爾豪瑟木業公司就是其中之一。

在盜木專案小組僅成立四年之後，國家森林局就將其解散。這項決定被遮遮掩掩的陰謀論籠罩：是否如某些環保人士所相信的，威爾豪瑟木業公司可能向白宮遊說，關閉某些政府部門？對國家森林局與國家公園管理局護管員來說，盜木專案小組也很不受歡迎，他們認為這些調查員是撈過界，近乎偏執地在監督。在這方面，國家森林局堅持他們只是重新指派盜木小組的護管員到美國各地負責地方層級的工作。

最後，各界要求聯邦政府出面斡旋，在太平洋西北地區協調出一個無論是在口頭上，或是在森林裡實際執行層面上的緩和政策。

一九九三年總統競選期間，比爾・柯林頓（Bill Clinton）承諾解決太平洋西北地區的紛爭。就任後，他於一九九四年四月在波特蘭安排了一場高峰會。會中總統柯林頓與副總統高爾（Al Gore）及他們的高層決策者，都坐在會議中心講臺上的木製會議長桌邊，周圍是弧形的階梯座位。每張椅子上都坐著一位太平洋西北地區木材產業中的既得利益者：來自該區各個地方的社區領袖、政客、伐木公司主管、伐木工人、教士、老師和生物學家。所有人都前來表明停止伐木產業將對他們的生活及周遭的世界帶來何種挑戰。

幾位美國最知名的生物學家敦促與會者以「審慎與謙卑的態度」看待森林。坐在柯林頓總統對面的生物學家傑瑞・富蘭克林（Jerry Franklin）說道：「森林的複雜性是我們難以想像的。」接下來幾天，這些專家概述繼續伐木所代表的意義：森林不足，有四百八十種物種面臨危機。參與會議的還包括「上帝的小隊」——瀕危物種完整性委員會（Endangered Species Integrity Committee）成員與其同僚，他們有權在一九七三年的《瀕危物種法》中加入新的名單或做出例外規定，基本上就等於扮演上帝的角色，決定各個物種的命運。

坐在生物學家旁邊的是歷史學家和社會學家，他們則是概述了伐木在該地區的歷史與認同上所發揮的強大力量。副總統高爾在會議的開場白中，承認伐木與美國文化傳統交織在一起的事實。之後，一名伐木工人解釋他的家庭在兩百年來都從事伐木工作。一名來自華盛頓州福克斯鎮（Forks）的鋸木廠主人說，他的「美國夢已經變成惡夢」，充滿「鮮血和血塊」。加州柏克萊大學的路易絲・福特曼（Louise Fortmann）研究貧窮的社會現象，她解釋政府和基本上來自都市的環保團體等外界力量，為何會「激怒」伐木社區：「（這些組織）不會受到決策結果的衝擊，他們與伐木社區沒有家族關係，在他們眼裡所有工作都一樣。」

北加州的木業勞動者代表是納丁・貝利（Nadine Bailey），她是一名伐木工人的妻子，也已為人母，她的丈夫在伐木限制緊縮時被解雇。她說：「我們需要有當地人參與的解決方案，不要給我們錢……我們需要去工作。我們需要那份驕傲。」

但是最情緒化的證詞來自西雅圖的大主教湯瑪斯・默菲（Thomas Murphy），他在奧林匹克國家公園（Olympic National Park）的路上四處旅行，與當地人交談，花時間遊歷整個半島上的伐木小鎮。他傳達出「失落家園」這個訊息，並且問了在座的人：「你知道工作了二十年，然後要睡在貨卡裡是什麼感覺嗎？一種生活方式正在死去。」

第二部——樹幹

第六章　通往紅木的入口

「那裡什麼都沒有……這座小鎮已經死了。」

——丹尼・賈西亞

紅木公路是美國國道101號加州段的其中一段，這條幹道沿著太平洋岸邊從洛杉磯往北，經過加州最北邊的幾個郡，進入喀斯開心臟地帶。如果你從洪堡郡最大的城市尤里卡往北開，大潟湖（Big Lagoon）與內河灣（Freshwater Bay）拍打岸邊的透亮波浪和白色沙灘，將一路引領你向前。事實上，儘管有代表性、閃閃發亮的海岸都在南方，洪堡郡長達一百一十英里的崎嶇太平洋沿岸才是加州最大的連續沙岸。開在這條路上，感覺就好像有幅窗簾在眼前拉開，展現出峭壁與大海之間碧藍無瑕的狹長景色。

奧里克鎮位在紅木公路一個微彎的彎道上，鎮上的商家和房屋聚集成一條長而狹窄的社區。確切來說，只有將近四百人居住的奧里克已不是一個鎮，而是個「人口普查指定地區」（鎮上的五金行老闆吉姆・哈古德進一步解釋道：「而且我很確定鎮上的八十隻羊也算在裡面」；他是贊成設立國家公園的汽車旅館老闆珍・哈古德的兒子。）根據人口統計學資料，鎮上的人口幾乎全是白人，主要語言為英語，年齡大多是四十五歲以上。唯一還存在的產業是公路邊零星的樹瘤商店，以雕刻精美的人像和用紅木做成的桌子吸引遊客。樹瘤業全盛期的一九七〇年代，在這條通往紅木國家公園暨州立公園的紅木公路上，約有十二家樹瘤店，而現在只有不到五家（我在二〇二一年查看時，才又剛關了兩家店）。

北美剩餘的紅木棲地只有三十五英里寬，這是一條在加州海岸山脈邊緣的狹長地帶，代表地球上某些最古老的生態地帶：光是這裡的兩英畝土地上，就有一萬立方公尺的生物量。生長在這一地區北方，也就是從奧勒岡州到加拿大英屬哥倫比亞省的樹林，一般而言更具多樣性，包括美西紅側柏、楓樹、阿拉斯加扁柏和道格拉斯冷杉。以上四種樹的樹幹直徑可達一百公尺，躋身世界最高樹種的名單；雖然不像紅木那樣能抵禦水災，這些樹卻能生長快速，生產重量輕且價值高的好木材。

奧里克位於這些森林的入口，特別是原生紅木，由美國國家公園管理局和加州州立公園

（California State Parks）負責保護，這兩個單位合力管理該鎮周圍的樹木，國家公園的南方營運中心（South Operations Center, SOC，SOC 唸作「sock」）就設在奧里克。在這個範圍內，國家公園擁有世界上僅存的原生海岸紅木森林，占了其中的百分之四十五，以及（就我們所知）地球上最高的樹木。原本曾經有兩百萬英畝的海岸紅木森林覆蓋著這個區域，現在只剩下百分之四（沿著一段四百五十英里長的土地），大多數的紅木都在國道101號沿線。

一九九三年，琳恩・內茨初次抵達洪堡郡，她接受委託販賣灰狗巴士路線的車票。她與家人在閒暇時間會行駛在蜿蜒的道路上，經過麥金萊維爾（McKinleyville）與千里達（Trinidad）等伐木社區。有時候他們會在環繞奧里克邊緣的紅木國家公園裡騎馬，西邊就是拍打著崎嶇岩石的太平洋。偶爾還有以鮭魚為食的鯨魚緊靠這條海岸線，因為鮭魚會定期遷徙到距離有涼爽樹蔭的森林只有幾步之遙的潮間帶水坑。

最古老的一棵海岸紅木，經計算年輪後有兩千兩百歲。這棵樹的一小部分樹椿——當它在生長時，漢尼拔將軍正帶著大象越過阿爾卑斯山——還保留在理查遜森林（Richardson Grove）裡。不過和它一樣年紀的樹在洪堡森林裡比比皆是，當年希臘和羅馬哲學家尊稱它們為「hulae and materia」，意思是生命之物質（the matter of life）時，這些樹木已經是古樹了。確實，不受打擾的紅木可說是不死之身：當火燒到紅木樹幹時，樹皮會用化合物單寧酸保護樹木不受火焰損害。

紅木樹皮表面有既長且深、滿是曲折的凹槽，有些樹的樹皮可厚達兩英尺。紅木如此長壽要歸功於能從老樹的根部和樹幹長出新樹的能力，因而它們和人類的親子關係沒有太大不同。生物學家唐納・柯羅斯・皮帝（Donald Culross Peattie）在《北美樹木的自然史》（*Natural History of North American Tree*）一書中這麼說：「要說紅木的生命在哪個時間點結束幾乎是不可能的，還不如說紅木只是換個方向繼續生長。」

紅木是吸引觀光客來到這地區的主力。其中一個景點是一棵離梅溪不遠的紅木，名字就叫作「大樹」（Big Tree）。這棵高兩百八十六英尺的紅木矗立在矮樹叢中，附近的路標桿子上排滿五顏六色的指示牌：

> 往這邊走有更多大樹！
> 還有一棵大樹！
> 還有更大的樹！

這座森林某處是有棵三百〇九英尺高的紅木，綽號叫「大咖」（Big Kahuna）。這棵於二〇一四年被人發現的紅木，靠近樹根的地方直徑是四十英尺，估計約有四千年的歷史。這尺寸讓

「大咖」可與世界上最大的樹相提並論，媲美位於南加州的「雪曼將軍巨杉」（General Sherman sequoia）以及紅木國家公園暨州立公園深處的「亥伯龍」（Hyperion）。[1]有三萬八千多英畝的老熟林在紅木國家公園暨州立公園裡受到保護，研究人員對一些紅木（包括亥伯龍等最高大的紅木在內）進行測量，並對這些樹木的位置保密。

直到不久之前，每年都還是會有人從奧里克鎮周圍的國家公園裡，盜取一兩個樹瘤。樹瘤最常被拿來做成碗、雕刻成雕像，或削成板材，最後在紅木公路沿線的樹瘤商店販賣。但是在二〇一〇年代早期，情況有所改變：太多樹瘤被盜，紅木護管員開始稱它是一場「危機」。從二〇一二年到二〇一四年，有將近九十個樹瘤被人從二十四棵樹上砍下。為了要取走長在樹幹高處的樹瘤，一棵紅木遭人砍倒。某個護管員說，小瓢蟲・詹森林道（Lady Bird Johnson Grove Trail）「被砍得亂七八糟」，最受歡迎的高樹步道（Tall Trees Trail）沿途也是一樣。當時前往該區州立公園的布瑞特・希爾弗（Brett Silver）說道：「人們徹底意識到，**老天啊！這些人不管在什麼時候，什麼都偷**，根本沒想過會被逮捕。」

樹瘤既有壓力反應的效用，也能保障紅木的基因永恆不朽。在紅木受到創傷或遇到緊急狀況（最有可能是在遭遇大火、洪水或強風的時候），樹的表面會結痂。樹幹上的瘤往往會出現在樹上最嚴重「傷口」的上方，從樹皮往外與往下生長，形成像繃帶一樣的東西。如果損傷面積很大，新的樹皮就會平行突出至少兩英尺，然後往下生長，包覆受傷範圍。新芽和嫩枝會從樹裡長出來伸向地面，然後在地裡生根。

在某些情況下，森林被砍伐殆盡之後再次復甦，這都是因為嫩枝從木質塊莖裡重新生長的緣故。[1]舉例來說，當樹瘤被火焚燒之後裂開，老熟林的基因就會在地上四散開來，很像是北美短葉松的松果為了撒出種子而爆開。如此一來，樹瘤和樹樁就守護了紅木的後代，無論自然環境或產業是否被破壞，紅木都能繼續演化。二〇一四年，紅木樹冠專家史蒂芬・西萊特（Stephen Sillett）是如此告訴《紐約時報》：「就好像你從林地裡拾起一塊土掛在空中。」

某些世界上最專門的紅木研究員說，盜取樹瘤的真正影響還是未知數，因為沒有人觀察紅木的時間，能長到足以了解與監測砍下樹瘤的長期後果。但我們的確知道樹瘤的效用，因此能推測樹瘤被移除所帶來的效應。

生物學家說，移除樹瘤留下傷口，會造成疾病和傳染病攻擊樹木。如果切下太多，樹木就會被「勒緊」，無法再長出年輪，樹木的生長將永遠受到阻礙。當這棵樹幫助幼苗生長的部分被切

①譯注：亥伯龍為希臘神話中的巨人之一。

除，不只造成切除當下的立即損害，也在未來紅木受其他外力（包括入侵物種、水災和森林大火）影響時造成傷害。研究發現老殘幹能扶持幼苗生長，紅木就是這樣才能在樹幹不存在之後，還能生生不息。

盜取「枯倒木」（dead-and-down）對生態也有影響。枯倒木能繼續為鳥類和其他動物提供遮蔽，而鳥類最喜歡吃的甲蟲與其幼蟲，會躲藏在倒下的枯木裡。倒下的紅木要數百年後才會腐爛，在這段期間它們能替土壤提供養分，也能成為動物和菌類的棲地。和樹瘤一樣，新長出的嫩枝會在倒下的紅木生根。紅木在完全分解到土裡之前，就是藉由這些方式為大自然付出。

除了樹瘤以外，我們對於樹木的許多理解也才剛起步。有時候樹木透露著神祕感，它幾乎是一種令人難以置信的生態演化實例。「樹木資訊網」在我們腳下蔓延，這巨大的地底通訊網絡可以發送訊息，確保樹木能合作無間。樹木網路很實用，能聰明地分享資源，當一棵樹木被攻擊或枯竭時，能傳送警告訊息給其他樹木，示意健康的樹木給予支援。

樹木也會透過嗅覺語言溝通，例如：它們能偵測昆蟲和動物的攻擊，然後透過樹葉製造出一種氣味，嚇阻訪客。樹木能辨認出危險的唾液，透過樹木資訊網將訊息傳送給其他樹木，然後分泌出讓所有害蟲退避三舍的氣味。有時候一棵樹會警告鄰居某隻蟲子正在吃它的葉子。或者加強自己的丹寧酸，讓樹皮或樹葉味道變差，甚至具有致死的功能。

世界上沒有一座森林是我們能完全認識的。森林充滿驚奇，生生不息。森林存在於樹根、樹幹和樹枝，以及苔蘚、菌類與鳥類的交互作用之間。有時候，一些路邊或山丘上的工程會將受到樹根侵蝕的土壤挖開，你就可以看見森林生態系統的低語。在紅木國家森林公園中有著這樣令人嘖嘖稱奇的例子：巨大的樹樁和呈之字形彎曲的樹根彷彿被嵌入土地中，兩者合而為一。科學家偶然發現殘存的古老樹林以這種方式出現，找到在樹幹消失後許久，還持續給予森林養分的根系。在這意義上看來，樹木的影響力可以延伸至樹幹之外；它依然是祖先。曾經聳立在尤羅克人的這塊土地上的樹木，持續對今日我們眼前的樹木傳達訊息，以利它們作出反應。

不過對人們來說，樹瘤是**稀有**和高價值物品依舊是很新的概念。當我拜訪洪堡郡歷史學會（Humboldt County Historical Society）時，理事長吉姆・蓋瑞森（Jim Garrison）告訴我，他的祖母有一棵「樹瘤樹」，他會從那棵樹上砍下樹瘤送去給住在其他地方的親戚。巴羅還記得小時候曾經從奧里克附近的樹上砍下樹瘤，拿到尤里卡的觀光市場上去賣。一九八〇年代，樹瘤做成雕刻品等物品的熱潮重新掀起，帶來大批觀光客。反之，現今熱潮已經逐漸消退，正如蓋瑞森所說：「這口井已經枯竭。」

雖說如此，南方營運中心的護管員發現自己面臨幾乎看不見的犯罪狂潮：它發生在夜黑風高之際最繁茂的樹林裡，現場環繞著高聳入雲的老熟林。為追蹤犯人，護管員製作了一張地圖，上面指出奧里克鎮周圍星羅棋布的盜木地點，共有八處，全都離紅木公路只有數步之遙，有些還在該區最熱門的健行步道旁邊。

常綠奧勒岡酢漿草生長在紅木下方林地，其葉子背面是一抹深紫色。在森林裡尋找黑熊出沒跡象的生物學家普萊斯頓・泰勒（Preston Taylor），要張大眼睛找的不是黑熊漫遊的黑色身影，而是那一抹深紫色；紫色汙漬就是黑熊可能來覓食的證據，黑熊的腳掌踩踏酢漿草，在牠身後留下一條斑紋小徑。

二〇一三年四月十九日，當時還是洪堡州立大學學生的泰勒，進入紅木國家公園暨州立公園收集數據，希望或許也能在棲地裡看見黑熊。泰勒當時已經快要從洪堡大學野生動物管理學系畢業，正在研究黑熊在森林裡留下的氣味標記。他花了好多天在森林裡尋找「摩擦樹」，也就是黑熊在求偶季為了留下記號給可能的配偶，在樹皮上摩擦過的那些樹幹。泰勒盯著地面分析樹葉之間的凹痕，尋找黑熊的的足跡和紫色汙點，希望這些線索能帶他找到摩擦樹。

在某個春日裡，泰勒依照慣例沿著紅木溪旁的一條小徑健行，這是一條六十二英里長的河流，源自海岸山脈，穿過一座濃密的森林向西北方流去，在幾條支流匯入之後進入紅木國家森林的邊界。紅木溪蜿蜒流經幾片紅木樹林，經過農田，在奧里克鎮邊緣注入太平洋。

在沿河小徑往前走半英里處，泰勒眼角瞥見一抹紫色閃過。在一條進入森林往山坡上走的臨時小徑上，有些奧勒岡酢漿草被某種印痕弄亂。

泰勒知道，這一區是某些世界上最大紅木的棲地，於是他迫不急待跟著自己認為是黑熊的蹤跡走了約兩百碼，來到紅木聳立之處。隨著蹤跡愈來愈不清楚，最後泰勒站在濃密的樹叢中。掌握方位之後，他花了點時間注視著眼前高聳入雲的巨大紅木。

就在這時，他發現這棵紅木的樹幹上有個洞。有人在樹的根部切開一個超過八英尺高的長方形，只有鏈鋸才會造成這種不自然的切口。看起來有人把樹皮約略剝下，樹幹其中一側是褪色的灰褐色，與完好的深棕色樹皮形成對比。泰勒靠近這棵樹，仔細端詳它的心材（heartwood）。樹的周圍立著一些比較小塊、截成手臂粗細的木片。

泰勒往後退，明白自己發現了盜木現場。他把整棵紅木收入眼底，伸長脖子向上仰望天空，目光隨著這棵古老的樹木向前眺望。

第七章　盜木之禍

「他可以說是個天生好手。那是他的生命。」

——切里希・古菲

就在紅木國家公園於一九七〇年代擴張範圍時，伐木工人約翰・古菲的兒子克里斯也開始了被伐木業同化的過程；他將滿十九歲，在國家公園擴張之際準備進入勞動市場。當時那些老派的人已經給他取了個綽號：「鐵鎚」。

克里斯・古菲說：「我十三歲時就開始在木頭上固定鋼索。我是訓練有素的伐木工人。我很小的時候就開始做這件事了。」人們都認為克里斯將來會進入他父親的公司古菲伐木機（Guffie Timber Cutters）工作，整個夏天他都住在伐木營地裡，在森林裡幫忙。克里斯・古菲還說：「大人一直教我的是，想要什麼就得去工作。如果我能善用我的雙手，人生中就沒有得不到的東西。」

克里斯・古菲是泰瑞・庫克的朋友，後者住在奧里克鎮最南邊的屋子裡。一九七〇年，庫克家已經沿著彎曲的國道101號向北走，[1]從田納西州來到北加州的最上端。他父母為了工作舉家搬遷，最終停留在奧里克，泰瑞的父親哈里爾・愛德華・庫克（Harriel Edward Cook）在森林裡找工作；他母親黛爾瑪（Thelma）有個朋友在棕櫚咖啡與汽車旅館（Palm Café and Motel）上班。這家人買了一棟面向紅木公路、用支柱撐高的小房子，會架高房子是因為紅木溪流經林木茂密的後院，一九六四年溪水氾濫造成淹水。庫克家的人口愈來愈多，總共有十一個孩子，他們時常從河邊撿拾木材當柴火，放進柴爐裡去燒。

一九七一年，哈里爾的車子在奧里克鎮中心的橋上撞上一輛卡車，他去世了。四年後，泰瑞的一個哥哥也在騎摩托車時撞上伐木卡車而死。又過了幾年，他的另一個兄弟提米（Timmy）在一次摩托車車禍中癱瘓。悲痛的黛爾瑪只好獨自撫養孩子。她較大的孩子都出去找工作。

在奧里克，工作的意思就是木材產業。這家人的男孩在雇用哈里爾的阿克塔紅木木業公司（Arcata Redwood）上班。他們都是辛勤的工人，贏得熱心幫助鄰居的名聲。巴羅說：「如果乾草地裡需要人手，我們就會呼叫庫克媽媽，然後我們就會有最好的幫手，這些男孩子很強壯。」

最後泰瑞搬回那間高架屋。他的姊妹之一夏洛特（Charlotte）已經遷到洛杉磯南邊，還有個叫丹尼（Danny）的兒子。

泰瑞・庫克目睹的不只是自己家庭的伐木工作，也是奧里克鎮伐木業的緩慢衰敗。他看著鄰居們的花生車隊乘興而去，敗興而歸。國家公園面積擴大時他十七歲，他說自己應徵維修工作，但一直沒有被錄取。他在森林和在鋸木廠裡斷斷續續做著操作草坪修邊機和拉綠鏈（pulling green chain）等工作，並不穩定。

克里斯・古菲一直沒機會接手家族事業，因為約翰・古菲在一九八〇年就把公司關了。[2]他注意到社區居民關於紅木國家公園擴張的激烈辯論。他聽到這樣的說法：擴張國家公園就表示本鎮將「全軍覆沒」。他父親就認為「他們想控制一切」，並稱國家公園的官員是「寄生蟲」。

不久之後，夏洛特・庫克的兒子丹尼・賈西亞就時常在夏天離開他們在南加州的家往北走，經過沙加緬度和門多西諾郡（Mendocino County）蓊蓊鬱鬱的山谷，來到洪堡郡造訪庫克家。在賈西亞九歲大時，夏洛特結束了自己的生命。賈西亞和姐姐被父親帶大，他是76聯合加油站（Union 76）和阿爾科加油站（Arco gas stations）的油罐車司機。每年夏天姊弟倆都會到奧里克鎮住兩星期，然後再到洛杉磯找他們的祖父住兩星期。

但最後卻是奧里克鎮給了賈西亞一個家。有時候某個舅舅會去沙加緬度接他，他們會在國道

101號上開幾小時，注視著窗外裝在卡車後面的巨大原木。他好幾天都會待在黛爾瑪屋子四周的森林裡。他回憶道：「那裡好漂亮。」使賈西亞這小男孩著迷的不只是森林的景色，還有它提供的自由，以及那片長著高大樹木的土地。他的舅舅會讓他自己一個人整天在森林裡度過。他說：「我把手弄得髒兮兮的，沒人在意。」

十一年級就離開高中的賈西亞正式搬到奧里克。十八歲他搬去和黛爾瑪・庫克同住，並且繼續照顧出過車禍的提米舅舅。他在屋子裡裡外外幫忙，例如：去拿食物和在院子幹活，好讓黛爾瑪照顧兒子。他也和舅舅們在一起。賈西亞說：「泰瑞對人慷慨大方，他深深扎根在那個鎮上。」

在庫克家附近晃蕩，陪他們去收集柴薪，賈西亞一邊看著，一邊學會怎麼啟動和使用鏈鋸。他進入了一種周圍的人都很熟悉的模式。他開始真正明白約翰・古菲說的話：怎麼正確砍樹，讓樹往正確的方向倒下，接著把樹截斷成小塊，方便放在卡車後面運送。現在的克里斯・古菲說：「在跟著我工作之前，他一件事也不懂。」[3]

不過幾年下來，賈西亞感覺到在奧里克開始有一堵牆擋在他面前。他比喻就像是車子在荒郊野外壞掉了的感覺，你沒錢修理，束手無策。他已經進入了這個鎮的生活圈子，「到處閒晃，惹事生非，行為幼稚」。但最後丹尼・賈西亞覺得他必須逃離那裡。

一九九三年底，他搬到北邊華盛頓州的傑佛遜郡（Jefferson County），該郡邊界緊鄰奧林匹克國家公園、賀伊溫帶雨林（Hoh Rain Forest）和奧林匹克國家森林。當克里斯・古菲已經在那裡，在離福克斯鎮不遠處承租了一處廢木拍賣——州政府出售一批枯倒木，因為這些木頭已受損或受病菌感染，可讓大眾購買並取用。古菲開設了一家製作粗糙木瓦與平整木瓦（shakes and shingles）的小型鋸木場，打算處理從拍賣地點收集來的木材，他把賈西亞帶在身邊幫忙。在拍賣邊界線附近的雪松都用紅色的漆做了記號，即便在西北地區的濃霧中都清晰可見。

賈西亞表示這是他第一次盜取立木：「我就是在那裡開始惹上盜木的麻煩。我問古菲為什麼要收集木材：**我們就來找一棵樹，把那該死的東西砍倒**。這樣說的時候，我看見他眼裡閃過一道光。」[4]

邊界線對克里斯・古菲或賈西亞沒什麼嚇阻作用，他們漸漸開始砍倒邊界線以外的直立雪松。他們砍的是受《瀕危物種法》保護的老熟林，是北方斑點鴞的棲地。兩人在森林裡開出一條小徑，他們把原木砍成木塊，抱在手裡運走。

進入一九九四年的春天和夏天，他們兩人把木材賣到鋸木廠，這些木材將成為做吉他的原木料，然後再賣給樂器製造商。有時候當地工匠也會買雪松來製作弓箭組的箭。越界的報酬很值得：要是他們一直從拍賣場收集木材，那麼一柯度只能賺大約六百美元。相較之下，越過拍賣邊界線，他們每一柯度就能夠淨賺兩千美元。

砍伐過程中，有時候他們會留下一整根完好的樹幹。某天古菲請一名當地的直昇機駕駛幫他把樹幹吊走，因此給了他樹幹所在的座標。這名直昇機駕駛覺得這件事聽起來很可疑，於是通知華盛頓州自然資源部（Washington State Department of Natural Resources）。

到拍賣地點察看了幾週之後，一名調查員在那條臨時開出來的小徑上發現靴子印。附近地面上散落著容量有一加侖的鏈鋸油桶、一張士力架巧克力包裝紙、一包葵花籽，還有些百事可樂和啤酒的空罐。這些空罐的位置在准許砍伐界線之外三棵大雪松樹樁附近，樹樁上蓋滿了大小樹枝，企圖掩蓋樹樁。稍後當林木估測員（timber cruiser）檢查這塊地方時，他們估計有兩萬板英尺的木材被盜走，價值約三萬三千美元。有人在樹林裡開出了進入點和小徑，可通往沒有畫在任何地圖上的便道。

當天這名調查員察看現場之後，他在與這次事件無關的另一個拍賣地點，發現一個名叫羅伯特・傑克森（Robert Jackson）的男人在砍木頭。傑克森的靴子看來和那條小徑上的靴印一樣。他偷偷探頭察看傑克森的卡車駕駛座，看見兩個座位中間放著葵花籽和啤酒。這名調查員當天稍晚到傑克森家裡，後者承認和克里斯・古菲與丹尼・賈西亞一起盜木。他的鄰居舉報曾經看見賈西亞半夜載著許多木頭出現，進而證實傑克森的說法。

一九九四年秋天，克里斯・古菲與賈西亞被控在華盛頓州的土地上盜木。代表自然資源部起訴的檢察官覺得兩人不可能付得起被盜木材的總值，即使是兩人一人賠償一半的金額一萬六千九百七十五美元也付不出來。兩人都認罪了，並且被判坐牢三十天。

但是他們兩人也都消失無蹤。

他們在奧林匹克半島停留的時間不到一年。謠言四處流傳，有人說賈西亞已經回奧里克。至於克里斯・古菲逃到哪裡去，沒人知道。

第八章　音樂木

「這件事我做得該死的久了。就好像瑜珈熊[1]和國家公園護管員的關係一樣。」

——克里斯・古菲

二〇一三年，普雷斯頓・泰勒在紅木溪附近偶然發現一棵有切口的樹，那道切口深入樹幹的一半寬，將近有兩英尺深。他看得出切口很新：不只有乾燥的鋸木屑散落在那棵樹周圍，而且木頭本身是明亮的淺棕色。厚厚的樹皮和木塊散落在地面上，甚至包括一塊沙發那麼大的木頭。

①譯注：瑜珈熊（Yogi Bear）是從一九六〇年代風行至今的美國卡通人物，故事內容通常是瑜珈熊想進入國家公園裡搗蛋，因而不停上演和護管員你追我跑的橋段。

紅木裡有一種叫作萜烯的化學物質，會釋放出土味和霉味。濕氣會讓萜烯獨特的味道更重，因為當天森林裡很潮濕，空氣裡瀰漫著這種氣味。泰勒繞著這棵受損的樹，更仔細檢查切口。他看見心材暴露出來，這表示這個切口太深，必定危及這棵樹直立的能力。

泰勒走回小徑，上了車，直接開往附近奧里克的南方營運中心。下午稍晚抵達時，他告訴櫃臺職員他要舉報在國家公園裡的犯罪行為。但接著泰勒對於討論他看到的事情變得很緊張，於是被帶往一間私人辦公室。泰勒在一名護管員前面坐下來，訴說他發現的一切，包括盜木現場的GPS定位。他同意第二天和護管員在步道起點碰面，帶她到現場。

第二天早晨，泰勒和國家公園管理局護管員蘿西・懷特依約在步道起點見面，兩人沿著紅木溪朝盜木現場走去。雖然懷特有武器，泰勒看得出她很緊張。或許他們會在路上驚擾某個盜木賊，以致於遭到對方攻擊？要是有人想搶懷特攜帶的相機怎麼辦？

他們來到盜木現場，泰勒停下腳步說道：「這裡看起來跟昨天不一樣。」昨天發現的部分樹瘤塊已經不見了。泰勒推斷，他不只偶然碰上盜木現場，顯然當時盜木賊也剛好正在搬運木材。他看著懷特拍下犯罪現場的照片，測量紅木切口和剩餘的樹瘤。離開前懷特把動態偵測照相機隱藏在周遭的樹葉裡，希望在盜木賊回來時捕捉到他們的影像。然而當她五天後再次來到現場時，一切都原封不動，她隱藏的相機也沒有啟動。

調查盜木賊會遇到許多挑戰，第一個挑戰就是環境的獨特性。城市裡的小偷還能留下讓調查員檢視的證據，然而在森林裡，證據——試想那或許是鋸木屑、常綠針葉或落葉植物的葉子——很容易自然分解或隨風吹散。此外調查員還會身處險境；獨自在森林裡的護管員或執法人員很容易成為受到攻擊的目標。正因如此，大部分護管員反而會在行經本地道路和公路時，專門攔截和搜尋可疑的盜木車輛。

回到奧里克的南方營運中心總部，幾名護管員開始試圖重建盜走的紅木，從森林到販售地的必經之路。他們最先造訪的是當地樹瘤店，這些店的後院滿是這些樹上長出的多節瘤球狀多餘組織。

——

這時候在紅木國家公園暨州立公園發生的盜木潮，不是北加州獨有的情形。太平沿岸從北到南，包括賈西亞和古菲之前居住的福克斯鎮，森林持續受到盜木賊威脅。

二〇一三年，在泰勒偶然發現紅木溪邊盜木地點的幾個月之前，二十年來都在奧林匹克半島調查森林犯罪的美國森林局探員安・明登（Anne Minden）對《西雅圖時報》（*Seattle Times*）

說：「盜木賊已經徹底破壞國家公園。」尤其是瑞德・強森（Reid Johnston），他是盜木罪行橫掃該區森林的最好例子。

華盛頓州的布林農（Brinnon）是個位於奧林匹克半島、只有八百人的小鎮，靠近奧林匹克國家公園與國家森林的邊界，在國家公園另一邊與福克斯鎮遙遙相對。長滿奧林匹克半島的道格拉斯冷杉從加拿大英屬哥倫比亞省南邊的史基納河（Skeena River）沿著內華達山脈（Sierra Nevada）一路延伸下來。道格拉斯冷杉樹幹筆直，高度僅次於紅木，是太平洋西北地區具代表性的針葉樹。雖然道格拉斯冷杉不像紅木那麼壯觀，但外觀高貴挺拔，引人注目，樹葉層層疊疊十分厚實。道格拉斯冷杉生長速度快，生命力旺盛，生長季很長，是大多數夾板的原料，而且再生能力強大，會不斷自我繁殖。

瑞德・強森顯赫的家族住在華盛頓州各地，一九八〇年代他們在布林農定居。直到二〇一一年死於一場車禍之前，史坦・強森（Stan Johnston）一直是鎮民眼中的非正式鎮長；當時他的車子在路上打滑，撞上一棵樹。一年後，史坦的二兒子——四十一歲的瑞德，因從緊鄰他父母土地的一大片奧林匹克國家森林裡盜伐一百〇二棵樹，被判刑一年，易科罰金八萬四千美元。

瑞德・強森是個訓練有素的伐木者，也是個新手父親、主修森林學的輟學生，以及小企業老闆。他還牽涉到其他四起盜木案件，此外也謠傳他服用甲基安非他命。他替自己的公司「音楓」

（Sound Maple）砍伐當地高價的楓樹和雪松，再把木材賣給樂器公司。

瑞德・強森販賣的這種所謂「音樂木」的木材類型，取自「有紋理」的楓木，也就是藉由鋸木方式強調獨特木紋、顯露炫目花樣的木材。這類楓木木材通常有兩種花紋：焦糖色的虎紋楓木呈現出顯著的虎紋，而雲狀楓木的花紋看上去，則像是在光滑透亮的湖面上激起的一波波漣漪。音樂木極度稀少，也因此市場價格極高，賣出的價格往往比沒有紋理的木材高出一百倍。人們形容這些楓木製成的樂器所發出的聲音，「最接近用一種樂器就能聽到一整個管弦樂團演奏的效果」。

這自然之美有助於我們解釋，為何在華盛頓以及阿拉斯加的通加斯國家森林（Tongass National Forest）裡遭盜伐的北美西川雲杉，會成為大受歡迎的共鳴材板——木吉他的正面面板（確實，阿拉斯加北美西川雲杉的盜伐與毀林的情形實在太普遍，為此綠色和平組織甚至讓世界頂尖吉他製造商的高階主管坐飛機到阿拉斯加，去看看人們為了製作樂器把森林破壞成什麼樣子）。

瑞德・強森第一次引起國家森林局的注意，是因為他盜伐一棵樹齡三百年的道格拉斯冷杉。這棵高聳入雲的樹高達一百五十五英尺，直徑八英尺。當瑞德・強森在離布林農一小時車程的謝爾頓鎮（Shelton）儲木場，拿出幾截他從樹幹上偷砍下來的木材時，儲木場主人認為這棵漂亮的道格拉斯冷杉品質高得有點過頭了，於是向國家森林局舉報。護管員著手調查，訪談鋸木廠老闆，然後來到布林農。他們迅速拼湊出對瑞德・強森不利的案情。

這將成為華盛頓州歷史上規模最大的一樁盜木起訴案件。

國家森林局護管員懷疑，瑞德・強森的木材是從他家土地後方叫作岩溪（Rocky Brook）的地區偷來的，這塊地區與奧林匹克國家森林東緣相鄰。岩溪由一百四十年前的森林大火形成，此地的美西紅側柏、道格拉斯冷杉和加州鐵杉被歸類為熟林（mature growth，有時也稱為前老熟林〔pre-old growth〕）。這些美西紅側柏和在加拿大英屬哥倫比亞的卡爾曼納・沃布蘭省立公園裡被盜伐的樹木是同一品種，也叫作「獨木舟紅側柏」，因為它的樹幹很容易鑿成中空，在水上航行。和紅木一樣，只有少數美西紅側柏沒有被砍伐；最大的美西紅側柏在華盛頓州的奧林匹克國家公園與國家森林裡，直徑可達六十二英尺。然而美國住家的牆面用的就是美西紅側柏，美國市場中百分之八十的木屋瓦也是美西紅側柏製成，因此我們住的地方上下左右都是它。

瑞德・強森四處盜伐的木材，來自一八八〇年代森林大火之後殘存並繼續生長的樹木。它們是斑海雀和北方斑點鴞的棲地。只要讓這些樹木持續生長，還可以再長七百年，成為將來的老熟林。

護管員到岩溪走了一趟。抵達時，他們發現離私人土地地界不過幾十公尺以外的樹木，都遭到砍伐和破壞（盜木賊時常破壞但不一定會砍下整棵楓樹；他們會先用斧頭砍下一片樹皮，暴露出木紋，確認它是否是高品質的音樂木）。州政府指派起訴這起案子的檢察官馬修・迪格斯（Matthew Diggs）說：「私人通常會侵占他們自己土地旁邊的國家森林地，因為這讓他們有充分的理由辯解。」強森的哥哥偉德（Wade）告訴詢問證人的護管員，自己和弟弟瑞德一起在砍伐道格拉斯冷杉的現場；然而注意到國家森林局的界線標記物後，他就告訴瑞德不要再去動那棵樹了。顯然之後他就離開那地方。然而瑞德卻忽略他哥哥的警告繼續砍樹：他把邊界標記物移動約七十五英尺，然後再埋回地上——面對錯誤的方向。

據護管員的報告，他們在訪談中和一些人談話，這些人表示他們也涉及託運道格拉斯冷杉和其他樹木到薛爾頓的儲木場。調查行動將瑞德・強森與另外九十九棵樹的竊案連結，包括五十棵美西紅側柏、四棵道格拉斯冷杉和四十五棵大葉楓。道格拉斯冷杉是華盛頓州具代表性的樹木（盜木賊不需要檢查裡面的紋理，因為道格拉斯冷杉的價值就在於它的高度和直徑），然而時常被用來製作大提琴和吉他的楓木，價值卻高得多：木紋特別美麗的楓材可以賣到一萬美元。

當地人的證詞再加上強森家土地外面的證據，讓執法人員取得搜查強森家的搜索令。進入察看時，他們找到音樂木的宣傳單，瑞德・強森將單子貼在網路上販售木材。他們還找到往返的信件，證明他試圖把道格拉斯冷杉賣給出口商，後者再把木材運送到香港。

瑞德・強森被控偷竊與損毀政府財產。雖然他否認移動邊界標記物，現場調查卻提供確鑿的證據：之前遭到砍伐了數十年的國家森林局土地上已經留下一條伐線（cutline），因此強森家土地的末端和老熟林前端的位置都很明顯。

最後瑞德・強森接受認罪協商。他被判服刑一年，賠償八萬四千美元。但是這金額遠少於被盜木材的價值；根據二〇一一年的一份生態與經濟評估報告估計，這些木材價值是二十八萬八千五百〇二美元。州檢察官迪格斯說：「你可以說這是木材的價值，不過事實上那太低了。因為被盜的不只是木材。這就像是盜走古董。」

老熟林的經濟力，遠超過其生產的木材與維護的環境。這些樹木會吸引人前來，每年觀光客都在太平洋西北地區投入數百萬美元，樹木就是主要的景點。

這案子很幸運，迪格斯如此發表後見之明：薛爾頓儲木場舉報了那棵樹，證人樂意配合調查，家族土地的界線也很明顯。在盜木案件中這三項條件通常都很罕見，也因此盜木案件是出了名的難以起訴。迪格斯說：「他們不會在樹樁上留下指紋，在把樹偷走之後，他們也會迅速將木材切成小塊賣掉。」在華盛頓州與加拿大英屬哥倫比亞省，木材在 Kijiji 或臉書的 Marketplace 等社群網站的廣告上直接賣給買家也是常有的事。有時候木材也會在社群媒體上被當作柴薪賣掉。如果木材被拿到鋸木廠，它的來源文件通常會被證實是過期的，或根本是假造的。

結案時，瑞德·強森（直到最後他還堅持自己是無辜的，聲稱被人陷害）告訴《西雅圖時報》，盜木永遠不會停止：「國家森林裡有一大堆木頭，還有許許多許多地方讓人去偷。」

第九章　神祕樹

「我會到外面去，所有人的目光都集中在我身上。」

——丹尼·賈西亞

從北邊進入奧里克，你必須穿過世界上數一數二的壯觀森林。道路會引導你途經內部各處來穿越森林，而不是沿著森林邊界走。一九九四年，丹尼·賈西亞就是沿著這條路從華盛頓州回到奧里克；他的女友戴安（Diane）生下了他們的兒子，兩人和好了。他在鋸木場找到工作，學會將周遭的紅木製成木屋瓦。賈西亞在不同的鋸木廠工作，他的家族根源在這裡，也有社群支持——簡而言之，他有許多留下來的理由。

回到奧里克之後的第一份鋸木廠工作多少有點工友的性質：在完成鋸木之後清掃並劃起鋸木

屑和刨花。在接下來的十年裡，他在這地區的鋸木廠裡做過一連串各式各樣的工作。例如：他的下一份工作是拉綠鏈，也就是負責收集鋸好的木材，依大小分類，然後把木材移到運送過程的下一階段。在這之後他開堆高機，把木材裝上卡車。裝載木材是他最喜歡的工作，他可以和許多不同的卡車司機說話，會時常走動，這角色很有創造力，需要解決問題的能力，賈西亞解釋：「你用自己的方式裝載木材。」此外，鋸木廠工人之間會建立聯繫，彼此緊密相連。除了同志情誼，這些工作中還帶有許多忠誠度，人們會互相扶持。某次賈西亞不小心壓到同事的手，這人隱瞞了事實，對工作場所健康與安全官員們蒙混帶過他受傷的原因。賈西亞說：「他不用那麼做的。」

大約在同一時間，從沙加緬度移居到此的琳恩和賴瑞・內茨在奧里克買了一棟平房，定居下來。琳恩的兒子（賴瑞的繼子）德瑞克・休斯從奧里克通勤到麥金利維爾鎮（Mckinleyvill）去唸高中十年級。休斯在國中時被診斷出患有注意力缺失症，所以服用利他能（Ritalin）維持注意力，但在八年級他第一次嘗試服用甲基安非他命。於是他逐漸以甲基安非他命取代利他能，在之後十年裡持續服用。

休斯和母親與姐姐荷莉（Holly）很親近，但由於琳恩帶著孩子搬到加州，他和生父不太聯絡。不過在休斯十六歲時和父親再次聯絡，並且去愛達荷州和他一起生活。他在那裡遇到一個女孩，一九九九年這對伴侶生了個女兒。孩子的母親來自西維吉尼亞，因此兩人搬到東部並且結了婚。然而他們終究分開了；女方帶著女兒搬回愛達荷州，休斯回到奧里克。

時間進入二千年的頭幾年，全美各地國家公園的偷盜案件愈來愈多。這時候有一項調查發現，從一九九六年到二〇〇三年，每年光是考古遺址的竊盜案就多達八百起。盜伐盜獵活動——對象從鹿、魚到樹木，甚至是捕蠅草，無所不包——在至少十七個州裡被認為「十分活躍」。一名國家公園管理局代表悲嘆道：「除了空氣以外，什麼都有人偷。」

二〇〇五年，克里斯・古菲（十年前賈西亞在奧林匹克半島的夥伴）被抓到從紅木國家暨州立公園的溪裡偷了一根原木，護管員找到非法販售原木的一些發票，價值將近一萬五千元。護管員沒收木材，放進證物櫃裡，然而有人撬開櫃子，從這批充公木材裡偷走「幾百磅」。最後，一名法官宣告克里斯・古菲的重大竊盜罪無罪，但卻判他破壞公物罪。當時的國家公園總護管員認為國家公園對盜獵盜伐的人判刑太輕，決定未來會嚴懲這些人。

到了二〇〇八年，丹尼・賈西亞穩定的生活開始搖搖欲墜，他說：「有幾年時間，我的日子在走下坡。我回到奧里克，陷入賤民的生活。」賈西亞和戴安分手，他搬進了國道101號旁的小公寓。這間公寓就位在一間停止營業的破敗電影院樓上，過了大馬路正對面就是棕櫚咖啡與汽車旅館。

四年後，賈西亞晃進棕櫚咖啡，對老闆吼叫，指著一群用餐的人說他要殺了他們。他被控意圖恐嚇，判處緩刑三年但需接受嚴格的規範。認罪之後，法院指派了一名緩刑官給他。在他日後被控從紅木溪附近的樹上盜砍大量樹瘤片的案件上，這個事件將扮演關鍵角色。

二〇一三年春天，某天深夜賈西亞在他公寓外面和賴瑞・莫羅（Larry Morrow）見面，這人是鎮上的新面孔，他開著一輛休旅車，住在棕櫚咖啡對街的綠谷汽車旅館（Green Valley Motel）。賈西亞給莫羅四百美元，換得用莫羅的名字在樹瘤店賣木材。兩人開著車，直到賈西亞指示莫羅停在樹木茂密的路邊。他要莫羅幾小時候回來同一地點找他。

這裡的地形陡峭。爬上一個小坡時，賈西亞的靴子陷進林地柔軟的泥土裡。沒多久他就消失在高聳的紅木林裡，有些紅木的直徑達三公尺；他在黑暗中行走，只靠著以電池供電的頭燈照路。此刻他拿著斯蒂爾MS 660（Stihl MS 660）——這是一把刀刃長三十六英寸的大鏈鋸。

閒暇之餘，賈西亞時常逛遍整座森林，他回想起來：「我不會被樹叢阻擋，有需要我會開出自己要走的路。我看見他們在哪裡偷樹瘤，那些樹的樹齡都是五十年以上。」[1]四處閒逛時，他會仔細尋找加拿大馬鹿在長出新鹿角之前，掉落下來長著柔軟絨毛的舊鹿角。有時他甚至會獵鹿：「如果我需要讓家人吃肉，我就會弄點肉來。」

通常賈西亞就是在尋找鹿角的過程中發現樹瘤。他經過時會留意到樹幹上長著大而突出的球狀樹瘤，或者他可能會看到樹椿底部長出小樹。他回憶道，偶爾自己幾乎能察覺到地底下有樹瘤頂著表土。「我一直生活在樹林裡，所以我看到樹皮就能告訴你它適不適合砍，八九不離十。」賈西亞把自己比作他養過的一隻狗，非常喜歡牠。那隻狗聞到引起牠好奇的氣味就會追上去，幾小時之後會沿著牠自己的足跡回到賈西亞公寓門口。賈西亞以類似的方式記住品質好的樹瘤地點，他需要錢的時候就會來到記憶中的地方。

二〇一三年那個春天的夜晚，他來到心中想的那棵樹旁，啟動鏈鋸。賈西亞如此回憶：「樹皮大概有八到十英寸厚，在樹皮之下我可以清楚地看到樹瘤。那大概是我這輩子砍過最優質的樹瘤之一。」賈西亞像拿畫筆一樣揮舞著鏈鋸，鋸下一片片樹瘤，逐漸往樹幹更高處移動。幾小時後，他在樹幹上切出兩條八英尺長的垂直線。接著賈西亞在這兩條線之間橫切，將樹瘤從紅木樹上剝下來。

他切下可以裝滿莫羅休旅車的樹瘤片，然後把樹瘤用手抱著運出來。事後護管員推測，這麼做實在太費時費力了，賈西亞一定是開著全地形越野車到樹林裡，才能搬運這麼多木材。但是賈西亞堅持自己全靠雙手搬運，花了好幾天。

在這棵紅木周圍的林地上，賈西亞留下一層厚厚的鋸木屑。

美國國家公園管理局和加州州立公園的聯合南方營運中心位於奧里克鎮北緣，就在郵局附近。而南方營運中心的護管員已經愈來愈熟悉盜走木材的奧里克居民彼此之間交織的生活網絡。在盜取樹瘤的危機中，鎮上一小群人得到「不法之徒」的綽號；後來他們自己也很歡迎這封號。

泰瑞・庫克在當地的房子，叫作「庫克大宅院」，南方營運中心護管員懷疑那裡就是這群不法之徒集結犯罪的地方（賈西亞那個「慷慨大方的」泰瑞舅舅稱自己是「奧里克的市長」，雖然嚴格來說該鎮其實沒有市長）。最鼎鼎大名的不法之徒是克里斯・古菲：在奧里克一帶，眾人都知道他曾經（現在還是）明白表示他的目的是「搶劫國家公園和公園裡的木材」。長期擔任當地護管員的巴羅說，克里斯・古菲在鎮上算是相當聰明的孩子，但他選擇了一條艱難的道路，是出了名的「會激勵他人做壞事」。某次檢查藏在樹上的動態偵測攝影機錄下的畫面時，紅木國家公園暨州立公園護管員蘿拉・丹妮覺得她看見有個很像是克里斯・古菲的人在森林裡拿著鏈鋸，但那人戴著女人的假髮和太陽眼鏡。[2]二〇二〇年九月，克里斯・古菲在電話裡這樣告訴我：「我現在告訴你，我從國家公園裡拿了木頭，我當然有拿。那樣做完全沒問題。但是我從來沒砍樹；那些木頭是我從地上或別的什麼地方拿到的。」

在普萊斯頓・泰勒舉報紅木溪的盜木地點之後，護管員蘿西・懷特覺得他們可能快要能夠逮捕一名「不法之徒」成員並將他定罪。在靠近那棵樹的一堆樹葉裡藏好攝影機之後，她等著看盜木賊會不會回來現場，無意間被攝影機拍到。同時一隊護管員在鎮上和附近地區收集證據，訪問奧里克鎮和沿海的二十間樹瘤店老闆。

就在這段期間，護管員丹妮往北來到相鄰的德爾諾特郡新月城（Crescent City），然後再往南到尤里卡。她嘗試造訪一間又一間店，詢問店家購入木頭的所有權。她問得很直接：「你最後一次買木頭是什麼時候，從誰那裡買來的，可以看一下文件嗎？」每間店能提供的文件都不一樣：有些店家的窗戶上掛著營業執照或有營業登記，但是沒有留存產品的相關文件。還有人沒有任何文件，但是可以立刻說出營業執照號碼。另外有店家沒有文件，但一口咬定他們沒有買國家公園裡的木頭，並且宣稱他們一眼就能看出一塊木片是不是非法盜伐來的。

丹妮去的某些樹瘤店裡所有的檔案都很完美，彷彿他們早已期待護管員上門的那一刻。有些人只賣給到店裡來的客人；有些人在 eBay 等網站上賣。所有人都說他們相信自己店裡的貨，都是經由與私人伐木公司或私有地地主簽訂合約來合法取得的。

拿來當作薄木飾板的樹瘤埋藏在地底下，它非常巨大，必須把整棵樹連根挖起才能取得，因此樹瘤店一般都販賣長在樹幹上的較小樹瘤。某生態學家形容為「像疣一樣的」樹瘤有兩種形態：一種是從樹木底部往外和往下長的「滴水嘴樹瘤」，長得像在教堂石壁上向外窺看的滴水嘴怪獸；另一種是從樹皮中長出來的突起結構，這小球狀樹瘤長在樹幹更上方。

大多數盜木賊都認識一間樹瘤店老闆，設立樹瘤店就是作為伐木工人和買家之間的中間地帶。誠實的店家需要有嚴謹的木材來源證明，很像是藝術品經紀人賣畫作或雕刻的概念。「我不跟當地人買木材」是國道101號上的樹瘤店店主掛在嘴邊的話。在訪談過程中，丹妮聽到某個樹瘤店老闆說：「我夠機靈，知道他們是否擁有木材」；但之後他承認自己沒辦法分辨看到的木材是否是從國家公園偷來的。另一個老闆表示：「如果我認為那是不久前偷砍的，我不會買。」

然而事實上，在調查樹瘤竊案時，簡單的統計數字還是讓護管員把樹瘤店當成調查的第一站：在奧勒岡和舊金山之間有幾十家樹瘤店，然而合法的樹瘤產品卻有限。

如果盜木賊有相關技術或有人脈，將偷來的木材脫手的另一種常見方式就是假造小鋸木廠收購木材所需的文件。有些鋸木廠知道老熟林的木材賣得快，他們渴望獲得高額報酬，可能就會睜一隻眼閉一隻眼，容許賣方沒有提供文件或「弄丟」文件。交易完成時，基本上要逮住盜木賊已經太遲了。即便鋸木廠被抓到販賣缺乏證明文件的木材，原木一旦處理過，也不可能對得上盜木現場的樹樁。

因此，護管員往往依賴匿名人士的消息才能把盜木賊定罪，他們希望在盜伐的木頭被賣出或雕刻之前就能從中攔截。在丹妮的訪談中，一名奧里克樹瘤店老闆承認，他有時候會跟「不法之徒」其中一些人買木材。他說有個例子是認識的一個盜木賊不再偷竊，開始做正當工作，「改邪歸正」，做些院子裡的活。這名樹瘤店老闆聲稱，他光從顏色和年輪就能看得出一塊木頭是否是從國家公園偷來。接著把丹妮的注意力導向他認為是從水裡撈出，而不是在空地倒下的木頭，他說：「那木頭已經在水裡打滾很久了。」

——

二〇一三年五月十五日，懷特和丹妮兩位護管員停在紅木國家公園步道起點，走一小段路到砍伐地點。她們走上步道時，懷特注意到地上有拖行的痕跡，兩側是被推高的腐爛樹葉、樹枝和樹皮，它們原本堆積在林地上。她們跟著這痕跡來到盜伐現場，發現在之前損毀的樹木正面，到處都有新切口。一個月前留下的樹瘤片已被人搬走，懷特提出質疑，認為那些人或許已經用全地形越野車一類的車子把樹瘤從林地拖走。兩人四處張望：在距離現場兩百英尺的山坡上有被翻倒木塊的重量弄亂的痕跡。一棵樹有五處被劈的痕跡，切口高度從三英尺到八英尺不等。她們檢查隱藏攝影機，但什麼也沒錄到：頭燈的亮光模糊了影像，以致於根本無法辨別誰到了現場。

四天後，賈西亞和莫羅把車停在奧勒岡州克拉馬斯郡（Klamath County）一家名叫神祕樹（Trees of Mystery）的樹瘤店後方的收貨區。[3]兩人把莫羅休旅車後車廂的八片樹瘤搬下來給店家看。

老闆問：「這些樹瘤是哪裡來的？」賈西亞回答得不清不楚，不過他的意思是這些樹瘤來自他家土地上的樹，那是在麥金萊維爾附近。在一番殺價之後，三人同意每片樹瘤算兩百美元。老闆拿莫羅的駕照去影印，作為財物紀錄證明，他寫了張一千六百美元的支票，邀請兩人到店裡逛逛。

這件事發生的下一週，州立公園護管員愛蜜麗・克里絲汀收到一則未知號碼傳來的簡訊，上面寫著：

> 嘿，你或許會想去神祕樹看看，幾天前他們用一千六向丹尼・賈西亞買了切成片的樹瘤。

第二天早上，克里絲汀和丹妮從南方營運中心往北開二十六英里，來到神祕樹樹瘤店。這間店同時也是路邊的觀光景點，它在北加州和造訪太平洋西北地區的自駕旅遊人士之間已頗有惡名：一個五層樓高的保羅・班揚在店旁向遊客揮手和說話，同樣十分巨大的藍牛寶貝（Babe the Blue Ox）陪在他身邊。在九一一攻擊事件後的那幾年，神祕樹作為絕對不會被遺漏的景點（是實際層面上來說，不是隱喻），使得美國國土安全部必須它將列為恐怖分子可能的攻擊目標。

克里絲汀和丹妮來訪的這天，神祕樹老闆承認他付一千六百美元跟一個男人買了樹瘤，自己只知道那男人叫丹尼，對方說那是他從祖父母的林地上砍下的。老闆給兩名護管員看他開的支票副本和莫羅的駕照。他帶她們兩人去看自己那天買來放在展示間的四大片樹瘤，現在每片要價七百美元；還有四片在店後面。他答應護管員會把樹瘤從展示間移走，丹妮拍了照，還照了樹瘤邊緣和紋理的特寫。

克里絲汀和丹妮跳上卡車，直接開到紅木溪的盜木現場。丹妮拿起相機，比對螢幕上樹瘤的照片和現場樹樁切口。樹皮是吻合的，紋理也一樣。確認這些細節後，兩人就有足夠的證據扣押神祕樹的樹瘤，追蹤它的供應者。離開紅木溪，她們先到賈西亞在電影院樓上的公寓裡。丹妮敲門但沒人應門，所以她們又回到公路上去扣押樹瘤。

當天稍晚，懷特回到賈西亞的公寓前。她再次敲門喊道：「丹尼，我是蘿西！」還是沒人回應，但是她聽見裡面傳來電視的聲音，還有狗叫聲。

幾小時候，懷特最後一次回來，這次她身邊還有丹妮和洪堡郡警長幫忙。賈西亞還在威脅棕櫚咖啡客人案件的緩刑期間，警方可以進入他的公寓臨檢。站在賈西亞家門前，懷特又敲了兩次門，報上自己的名字，警長則是站在外面的通道。依舊沒有人應門，懷特於是用鐵撬把門從門框上撬開，然後和丹妮一起進入公寓。

賈西亞的狗立刻衝向她們。懷特用電擊槍制伏了狗，狗跑進臥房裡後，她就關上房門。賈西亞看起來不在公寓裡，不過戴安——他還是跟戴安維持良好關係——在沖澡。一份彙整報告裡引述她的話：「他可能在泰瑞家裡。我知道誰偷了奧里克的木材。我知道丹尼夜裡跟那些傢伙一起出去。」

但事實上賈西亞當時人在現場。他公寓的閣樓和他姪女的公寓隔著一面牆，所以他可以踢開隔間牆爬進屋椽，往下跳到她公寓裡，之後三個小時都躲在那裡，逃過追捕。

第二天懷特把她的車停在電影院後面，開始監視賈西亞。需要休息時，她就請對街棕櫚咖啡的員工盯著看他是否出現。員工們派了一個人守在外面，但他們也向懷特報告那天早上曾看見一個男人帶著三十六英寸長的鏈鋸，離開賈西亞的公寓。

當天稍晚，護管員們到泰瑞・庫克家裡尋找賈西亞。她們停下卡車，走上一條通往前門、沒有鋪水泥的長長車道，沿路經過她們懷疑可能是偷來的大量工具。「庫克大宅院」的後院裡到處都是堆積如山的工具，顯示屋主以東拼西湊的工作為生，這些東西包括等著修理的車子或拆下來的零件、成堆待處理的木頭和燒火爐用的柴薪等等。

護管員敲了前門，但應門的人說賈西亞不在。她們搜尋了停在那塊地上的六輛露營車，又把所有在現場的伐木工具型號照下來；前一年從國家公園管理局儲物間偷走的鏈鋸還是不見蹤影。

她們在一把阿拉斯加鋸木機（Alaskan mill）上找不到型號，就扣押了它。

回到辦公室，懷特發現有一通留言等著她：

喂，蘿西，我是泰瑞·庫克。我剛到家，你他媽亂翻我的後院，拿走我用了他媽的三十年的阿拉斯加鋸木機。你把它拿回來，否則我就要去森林裡，我要把樹弄倒，你他媽的可不會喜歡。我沒去你他媽的國家公園，如果你不把我那把該死的鏈鋸拿回來，現在我就要動手了。臭婊子！

第十章　轉變

「之前一直都不是非法的，為什麼現在是呢？」

——德瑞克・休斯

離開學校時，休斯的手已經十分靈巧了。他的身材瘦長，瘦到連臉都顯得憔悴，從他的五官就看得出來：大嘴唇，鼻子細長，耳朵外擴。他鏈鋸用起來得心應手，並且靠著自學，把木頭「旋轉」成碗和其他雕刻品。車工（turning）就是將粗略削過的木塊在車床上旋轉，車床藉由尖銳的刀緣以令人眼花的速度將木塊削製成型。車床人員操作機器，直到木頭表面光滑、線條柔和，再雕刻成木碗、馬克杯和花瓶。操作車床的過程就像在日式花園裡用沙耙畫沙，或是看著水從廣大無邊的池子邊緣流下、飛濺成一片水簾那樣令人著迷。大多數木工車床人員會把作品賣到樹瘤店，再透過店家賣給零售顧客。休斯估計每賣出一個大沙拉碗，他就能賺大約三十美元。

從琳恩・內茨在奧里克住的平房到紅木溪流經過隱蔽灘（Hidden Beach）流入太平洋的出海口，這段路的車程不遠。從小到大，休斯經常和鎮上居民到海灘上撿拾柴薪，或去激浪投釣（surf-fishing）。他很快就知道木材在他居住的鎮上是生活必需品。

暴風雨來臨時，強風吹過紅木林，在長滿樹木的山坡上，大小樹枝和已枯死但尚未倒下的樹幹都被吹到地面上，接著被水流帶走，往下游捲入海流裡。這些沿著紅木溪漂流、最後流入奧里克鎮的木頭，通常會停在某條河的河岸上，很容易收集，也往往會被鎮上的人取走。

然而紅木溪畔卻沒有一致的所有權形式，簡直就像是公有地和私有地組成的摩斯密碼。曾經生長在國家公園裡的紅木可能會倒下來，被紅木溪帶往下游，再沖到私人土地範圍內，地主就能將其取走。不過大多數的紅木往往一路被紅木溪帶入海裡，漂在海面上，海潮又將它帶回陸地，遺留在奧里克的隱蔽灘上。從以前到現在，許多鎮上的人都會用這些漂流木當柴薪來加熱房子，或當作圍籬的柱子來賣掉；人們也會將飄到海灘上的紅木樹幹撈起來放進卡車後座，拿去賣掉或放在後院留作他用。當地的牧場主人巴羅回憶道：「我們都這麼做，這些木材不屬於任何人。好吧，我想它們是國家的，但是管他呢。」

二〇〇〇年開始，州政府禁止人民從隱蔽灘取走漂流木，當時紅木國家公園暨州立公園的西部邊界已經延伸到紅木溪出海口，直到海裡。那一年國家公園也訂定車輛不准開在沙灘或越過沙丘的規定。該計畫解決了一個國家公園附近護管員一直在處理的問題：某些國家公園的海灘上車來車往，因為許多人都會把車子開上沙灘去載木頭或開到漁船邊。隱蔽灘是雪環頸鴴（**snowy plover**）的家，牠們在沙丘上築的巢布滿了海岸線。如果有任何東西騷擾沙丘，例如：有汽油驅動的車子開在上面，就會加快這種鳥類再次成為瀕危物種的速度。政府會准許民眾撿拾木頭和激浪投釣，但是在新規定之下撿來的木頭數量頂多用來升營火。政府也不再核發新的釣魚執照，而且更新現有執照也很困難。

紅木國家公園暨州立公園架設大鐵門，好讓車輛不能開上沙灘，但是鐵門阻擋了人們進入社區時常使用的小徑。對於早已眼睜睜看著取得木材的途徑遭到監控和剝奪的社區而言，新的限制令（尤其是要求民眾申請許可證）代表的是另一個官僚政治加諸的重擔。可以預期的是，奧里克鎮的緊張情緒將再次爆發。

休斯看著這些改變造成的影響在他身邊一一展現。他還記得自己明顯感受到鎮民的憤怒。他們控訴國家公園的官員「搶走自己的生活方式」，想讓奧里克鎮變成一座鬼鎮（這項指控在現今依舊公允）。

在接下來的幾年，漁夫發現他們因違反海灘法被開罰單。某個當地商人對國家公園提起訴訟，接著在尤里卡的《標準時報》（*Times-Standard*）上刊登廣告宣傳這起官司，標題是「奧里克遭到圍城」。另一個漁夫控告國家公園使他無法謀生。

當地人召集「拯救奧里克」委員會。二〇〇一年，該委員會辦了一場「奧里克自由大會」，旨在「強調過去三十年來由於激進環保團體與土地管理機構保護主義計畫，導致我們鄉村社區所發生的種種事情。」倒下的樹木逐漸堵塞海灘的景象激怒當地居民。沖上岸的木頭多到在某些地方甚至阻塞了地下水排放，造成附近某個農夫養牛的牧場淹水。包括泰瑞・庫克在內的當地居民開始在木頭沖到海灘之前，先拿走河岸上的木頭。有時他們會等到原木漂離國家公園土地界線之外；有時他們不會等。

情況逐漸惡化。

二〇〇三年，國家公園管理局撤銷在淡水岬（Freshwater Spit）的宿營與拾木許可。這片在奧里克南邊的海灘上往往排了三排露營車和拖車（在國家公園管理局眼中，無數拖車塞滿國道101號的景象，已經造成了「鋁害」）。淡水岬禁令成為當地的引爆點：至今許多奧里克人還是會引述一場會議，據說直言不諱的「拯救紅木聯盟」領袖——被譽為「紅木之母」的露西兒・文雅德（Lucille "Mother of the Redwoods" Vinyard）——在會中向國家公園管理局施壓，以便完全清除這個海灘營地。[1]不過就連巴羅也同意淡水岬露營情況已經「失去控制」，車子停得太多，其他人根本無法前往海灘。

露營禁令使奧里克鎮民大為憤怒，他們擔心自己的生意受到影響，就只因為「公園訪客不想看見拖車」。貨車輪樹瘤店（Wagon Wheel Burl）的老闆詹姆士・西蒙斯（James Simmons）表示，他每週都能向露營車遊客賣出一張樹瘤做的桌子，這些物品已經成為他的收入來源。

回顧這整件事，不難看出居民的論點——尤其時至今日，純粹保護主義人士似乎想迎合外地人，這些人既想要森林保持原始狀態，又想要有審美趣味的森林美景（美國國家森林局在他們管轄的土地上出租豪華木屋；加拿大國家公園管理局〔Parks Canada〕也以有暖氣的圓頂帳篷提供訪客「豪華露營」〔glamping〕服務）。奧里克居民參加一場由國家公園舉辦的公共論壇，伐木工人弗利克回憶道：「我們幾乎把那裡的屋頂都掀了。我們靠那（旅遊業）維生，我們需要它。該死，鎮上有一半的店，他們夏天的生意都是那樣來的。店鋪不能靠伐木工人，因為他們沒辦法每晚都出去。」

隨著鎮上的緊張情勢逐漸升高，抗議活動和警察巡邏隊出現在公路沿線。接著有人對護管員提出死亡威脅，還有人在森林裡的戶外廁所找到管狀炸彈。國家公園管理局於是召來了聯邦調查局特種武器和戰術部隊（FBI SWAT）。

在給內政部的一封信中，社區居民要求紅木國家公園暨州立公園重新開放在淡水岬露營，解除最近的拾木禁令。他們要求內政部指派一名聯邦調解員排解國家公園和鎮民的紛爭。「對奧里克鎮的最後一擊即將出現。」《洪堡時報》（*Humboldt Times*）在一則廣告上提出警告，其中詳述鎮民提議的改變，並呼籲讀者寫信給他們的議員。這則廣告最後以對陰謀論者的訴求作為結尾：「P.S.就在你讀報時，坐鎮在紅木國家公園暨州立公園南方營運中心的特種武器和戰術部隊已經整裝待發。這千真萬確是一場圍城！」

第十一章　爛工作

「全世界都這樣，你住的地方也一樣，想都不用想，別以為不是。」

——德瑞克・休斯

在奧里克生活的休斯開始打零工的工作維生。他和母親之前一樣，在灰狗巴士上晚班。此外他還替鎮上的商會除草，以及幫忙重建他家對面的房子。

不是只有休斯才這樣安排工作，這也不是暫時的就業狀況。二〇二一年，奧里克的貧窮率是百分之二十六，[1]這個鎮的一貧如洗令人無法漠視。鎮上許多房屋都沒有定期維修，它們破敗的情形是鎮上發展停滯的鮮明指標。這裡只有一間加油站和一間販賣食物的小超市，超市食物的價錢往往是附近城市大超市裡的兩倍——奧里克是個食物沙漠。

為何沒有旅遊業的錢湧入這個位在美國其中一個最具代表性自然奇觀邊緣的小鎮？為何即便在盛夏時分街上還是一片死寂？表面上，答案可歸結為小而簡單的細節：奧里克的商會千方百計設法美化道路兩旁的街道，例如：設置花盆和招牌；住家和商家沒有花錢整修房子；可提供假期出租的房屋太少。政府也忽略了社會計畫。

城市衰敗和經濟蕭條構成某種反饋迴路，某項研究中提到：「過去五十年間經濟與社會的改變，導致高貧窮率都發生在公共建設搖搖欲墜的街區。」這現象在奧里克很明顯：二〇一四年，一間墨西哥小餐館關閉，二〇一九年棕櫚咖啡與汽車旅館接著關門大吉。鎮上剩下唯一一間餐廳叫快餐屋（Snack Shack），只是個提供外帶的棚子，座位是野餐桌，供應的漢堡和薯條以伐木為主題來命名（例如：原木露台〔Log Deck〕、漂流木小酒〔Driftwood Tots〕和燃燒的紅木〔Flaming Redwood〕）。電影院無限期關閉，鎮上學生不到一百名的小學校多年來有好幾次都差點關閉。

母親死後，吉姆・哈古德接管哈古德五金行，這是他父母在市中心開的店。在這之前，所有可以養家活口的工作他都做：當過兵，去森林裡伐木，或是開車把原木載到尤里卡或德爾諾特郡的市集。他和妻子茱蒂育有一子一女，他們當時是（現在也還是）鎮上義勇消防隊活躍的成員。

吉姆・哈古德現在已經是在奧里克住得最久的居民之一。他住在哈古德五金行後面的房子裡，有一間獨立的小屋，裡面存放著不會腐敗的食物，以便在想像中的未來災難裡活下去。吉姆定期和喬伊・赫福德見面；赫福德住在鎮上的時間僅次於吉姆，他的祖父母開了紅木溪邊第一間鋸木廠，自己是第三代伐木工人。

哈古德一家每天都待在店裡，五金行的平板玻璃窗面對國道101號，他們就在窗戶另一邊生活。這家店是個紀念品展示中心，有剪報、照片、古董設備，和茱蒂捐給兒童醫院的拼布作品。他們把派放在小紙盤上，旁邊附上白色塑膠叉子請旅客吃，還遞給他們過期的《美國退休人士協會雜誌》（*AARP The Magazine*）。貨架上幾乎所有東西都堆著一層厚厚的灰，有掉落之虞的發霉天花板磁磚下面，掛著一面褪色的美國童子軍旗幟。入口在賣特價的柴薪；附近地板上有個塑膠箱，裡面裝滿吉姆自家種的檸檬黃瓜。他還拿用過的超市袋子包了一堆新鮮蔬菜給我，要我在路上吃。

茱蒂高坐在櫃臺後方的凳子上，要不是有聽到聲音，你根本看不見她。她手裡握著的對講機發出靜電干擾的雜音，劈啪的話語聲藉由無線電在洪堡郡裡來回穿梭。通常吉姆會坐在一張大折疊桌前接待訪客，他周圍的牆上掛滿了歌頌奧里克繁榮歲月的照片。原本的前門現在已經打不開，門上方的天花板上掛著伐木釘靴和安全帽。離開店裡時，我的靴子和眼鏡上都布滿一層黏黏的灰。

在像哈古德五金行這樣的一座記憶宮殿裡，很容易就被引誘回到過去。人們深情款款回憶著這座小鎮幸福美好的日子，當時鎮上號稱有五間鋸木廠和二十二間乳品店，還有十多間鋸木廠散布在洪堡郡各處。現在的哈古德說：「我們從來沒有把奧里克當成伐木社區，它只是一個緊密團結的小鎮。」赫福德的母親黛爾瑪（別和泰瑞・庫克的母親黛爾瑪搞混）替阿克塔工會（Arcata Union）寫了一篇每週快訊，報導每年在國家公園內舉辦的香蕉蛞蝓競賽（Banana Slug Derby），並刊登讚揚奧里克自然景觀之美的詩作。他們認為國家公園現在的管理方式是浪費、錯誤而沒有效率。吉姆・哈古德說：「在這鎮上的我們對政府來說就好像性病一樣，根本毫無用處。」

奧里克當今的社會問題，與早在三十年前就已席捲該地區的失業浪潮脫不了關係。社工約瑟夫・馬多尼亞（Joseph F. Madonia）在他的書中寫道，裁員重挫那些失去工作的人的自尊；事實上，失業是他們的創傷來源。「他們終其一生都和工作緊密相連。」馬多尼亞在他的研究中做出如此結論，對於住在公司鎮（company town）裡，或一輩子都在同一間公司工作的人而言，失去工作「是重大的打擊。公司和工作與他們的認同是如此緊密相連，以致於他們產生的第一反應就

是危機感。」

這份危機感依舊在奧里克與太平洋西北地區其他社區上演。研究一九八〇年代加州伐木社區失業影響的研究中，珍妮佛・雪曼（Jennifer Sherman）發現低自尊往往導致藥物濫用、家庭暴力和犯罪。雪曼寫道，伐木是「人們藉以組織生活模式的主軸……工作有著重大意義，缺少工作，許多困境將隨之而來。」

伐木的意義大多根源於這份工作必須付出的辛勞。無論是烈日當空或陰雨不斷，伐木工作風雨無阻。地形、天氣與環境，以及巨大的工作量和隨之而來的危險，伐木的工作性質就算不是全部，至少也有部分造就了伐木者的身分認同。伴隨伐木產生的驕傲，有一部分是來自於知道祖先曾經在森林裡丟了性命。因此他們生命的核心意義，正如社會學家克萊頓・杜蒙（Clayton Dumont）曾指出，是「根源於字面意義上將自己的鮮血注入了這份職業」。

雖然其他地方還有工作機會，太平洋西北地區的主要居民覺得自己與該地區的聯繫極深，因此在伐木產業衰落後仍拒絕搬走。他們用自己知道的方式為了工作而奮戰，然而這份努力很快就變為消極，乃至憤怒。研究結果將太平洋西北地區的盜木行為視為「文化實踐」（culture practice）的一部分，增強人們曾經共同享有的傳承，為社區接納提供一條途徑。

雪曼之後在她的著作中做出結論：在太平洋西北地區，羞恥感、罪惡感、疾病、壓力和成癮等都是源自於產業空洞化（deindustrialization）而來的失業症狀。她寫道：「在鄉村地區，產業衰落尤其具有毀滅性，因為會導致原本以這份衰落產業工作為中心的『生活方式』就此喪失。」在其他研究中，許多參與者說他們不想太長時間依賴情緒或財務支援，因為那會提醒他們自己沒有生產力。雪曼看見失業產生的混亂動盪，例如：假設父母其中之一因為工作而搬家，或父母在失去工作後離婚，家庭結構往往因此改變。失業對家庭關係絕對有影響，一九九〇年代洪堡郡一名教師解釋道：「父親在森林裡工作，他的兒子就對這份工作有了夢想。」工作機會漸漸消失，這傳統也跟著喪失。

許多伐木工人認同的是一份已不存在的工作——在他們成長期間，這份工作曾經保證能替他們帶來繁榮，所以變得很難在新時代找到自己的位置。許多失業的男人表示，在妻子去工作之後，自己有一種被去勢的感覺。雪曼寫到這將造成家庭「普遍不和諧」，出現權力鬥爭、憤怒感蔓延，以及藥物濫用等自我毀滅的行為。在失業調查中，有百分之八十的人說他們比之前更容易激動和沮喪，唯一能讓他們消除這種感受的就是工作。失業的心理壓力是如此極端，以致於有些人回答他們覺得心理健康不佳對他們造成的壓力，大過財務問題。

這也就造成美國勞工統計局（Bureau of Labor Statistics）所稱的「怯志工作者」（Discouraged workers）影響力——這些人想要工作，但卻找不到合適的工作，最後就不再找了。這些工作者往往被歸類為「沒有技能」或「教育程度不足」，通常住在高失業率的地區。隨著時間過去，這種狀況並未減緩：二十世紀末，許多失去的工作沒有被替代，或至少替代的工作也沒能保證是穩定的全職工作，並且有合理的收入。反之卻出現過多的「爛工作」：時薪低的臨時或約僱工作，或是不保證有基本工作時數或固定時間付款，並且未加入公會的服務業工作。做這些爛工作的大多是沒有學士學位的人。對這個主題有廣泛研究的普林斯頓經濟學家安・凱斯（Anne Case）和安格斯・迪頓（Angus Deaton）如此解釋：「他們沒辦法生活在快速成功的高科技繁榮城市中，這些人被分派到那些受全球化和機器人威脅的工作。」

從一九七九年到二〇一七年間，沒有四年制大學學位的人會失去百分之十三的購買力。凱斯與迪頓也指出，伴隨而來的是喪失自尊心和屬於某個工作場所的歸屬感，使得「人生分崩離析，失去結構與意義」。

自動化、全球化和教育程度要求提高，再加上政府與機構的失能，導致了一整個世代失去連結與恐懼的人們。自一九五〇年代以來，退出勞動市場與停止找工作的男人，人數已經提高五倍。這個結果造成許多鄉村地區感受深刻的社區創傷：影響兩代人的貧窮、長期失業、環境惡化、社會關係斷裂，以及遭到摧毀的社會規範。

目前的奧里克與福克斯都在這樣的陰影下成形。兩個鎮都擁有全美一流的觀光地。但是，

「這裡沒有職業，」吉姆・哈古德說。「這裡沒有工作。伐木業沒了。」奧里克鎮商會理事長說，沒有見到旅遊業蒸蒸日上的奧里克反倒是「投資減縮」：人們走了，也帶走他們的積蓄，而不是開始從事旅遊相關的生意。

——

在鄉村地區，服用甲基安非他命的情形愈來愈普遍，失業的情緒騷動也隨之發生。一九八〇年代席捲而來的快克浪潮讓各地深感困擾的同時，甲基安非他命也逐漸流入北加州和太平洋西北地區各郡的鄉村。在舊金山海特・艾許伯里區（Haight-Ashbury）診所工作的藥物濫用專家當時曾經提出警告，他們說甲基安非他命沿著加州機車幫派行經的路線擴散，地獄天使（Hells Angels）與吉普賽小丑（Gypsy Jokers）等機車俱樂部在偏遠的鄉下進行甲基安非他命交易。

於是甲基安非他命在太平洋西北地區無所不在。到了西元兩千年初，甲基安非他命被視為北加州危害最嚴重的毒品，該州每四人就有一人服用，人們在家裡或後院設置實驗室就能製造。加州司法部在報告中指出，家暴案件中常涉及服用甲基安非他命，因為容易製造與取得。二〇〇四年，波特蘭警方回應了數百起民眾提出城市裡有甲基安非他命屋的抱怨。在加拿大的溫哥華，位於惡名昭彰市中心東區的便宜旅館，就眼見住宿旅客從來休息的伐木工人，慢慢變成吸毒和有精神疾病的人。

當時的藥物治療往往沒有注意到甲基安非他命和工作之間的關係，但是甲基安非他命最早就是作為工人的藥物而開發出來。在二戰期間，甲基安非他命是讓軍隊保持活力的興奮劑。日本人稱它為「戰力增強劑」，意思是「激起戰鬥意志的藥物」。接著，甲基安非他命漸漸受到長途卡車司機和鋸木廠工人的愛用，這些工時長的工人必須靠甲基安非他命來保持反應靈敏，提高警覺。

洪堡郡藥物濫用輔導員麥克・戈德斯比（Mike Goldsby）說：「我們確實看到有許多人以服用（甲基安非他命）來作為應付就業困境的方式。」甲基安非他命也有製造成本低廉的優勢。他接著說：「當那些（伐木）產業開始衰落時，甲基安非他命比其他毒品便宜，這通常是人們漸漸陷進去（毒品）的方式。」

西元兩千年初，各級主管機關努力對抗甲基安非他命普及的現象，有些州開始將之前含有偽麻黃鹼（pseudoephedrine）的感冒藥改為處方藥，因為偽麻黃鹼是甲基安非他命的主要成分。然而到了二十世紀頭一個十年接近尾聲時，鴉片類藥物開始成為毒品交易大宗。甲基安非他命或許已經不在鎂光燈正下方，但根本沒有離開舞臺。從那時開始，甲基安非他命已經轉變為龐大的企業；它不在後院製作，而是透過同業聯盟用卡車運給業者。

服用毒品和失業之間的關係十分複雜。人們是因為失業而去吸毒，或者是因為吸毒而導致失業？雪曼在其中一份研究中描述貧窮、絕望和自我憎恨的循環，導致了毒品濫用。這是個惡性反饋迴路：服用甲基安非他命的人失業率很高，而吸毒又延長失業時間，如果吸毒者沒有工作，他們更可能再次吸毒。

吉姆・哈古德喜歡語帶諷刺說奧里克有三個教會：「天主教、浸信會和冰毒教。」洪堡郡各地的其他人也同意他對鎮上有愈來愈多人吸毒的看法。某個在尤里卡成癮治療中心的工作人員說，有時人們會稱奧里克鎮是奧施鎮（Oxyville），因為街頭有人買賣俗稱「土海洛因」的奧施康定（OxyContin）。剝落的藍色外牆板和長住的客人，是鎮上綠谷汽車旅館的特點，這個旅館的停車場堆滿廢棄的家具和汽車。有人看見某個男人倒在戶外欄杆上，嘴角掛著一片強效類鴉片止痛劑吩坦尼（fentanyl）貼片。

在過去二十年間，甲基安非他命使太平洋西北地區的小社區付出沉重的代價。一份二〇一九年的報告發現，這些地區「被甲基安非他命淹沒」，並且認為服用甲基安非他命與鴉片類藥物危機有所關連：甲基安非他命絕對能對抗嗜睡感，因此被賣給海洛因和其他鴉片劑服用者。華盛頓州各郡的官員推測在街上找到的針頭通常是注射海洛因留下的，但其實這些針頭最常用來注射甲基安非他命。

二〇二〇年十一月，國家藥物濫用研究所（National Institute on Drug Abuse）的報告中指出，過量合併服用鴉片類藥物（如海洛因或吩坦尼），以及興奮劑（如甲基安非他命）的情形大幅增加。發表在《國際藥物政策雜誌》（*International Journal of Drug Policy*）的一份研究中，也同樣警告由於鴉片類藥物的產品品質無法預測，造成許多服用的人轉而選擇甲基安非他命。現在每年有數千名美國人死於服用甲基安非他命；服用甲基安非他命過量的人數在僅僅十年內就增加了三倍。休斯說：「就我所知，到處都是甲基安非他命，到處都是。就算在你以為沒有的地方也有。它生意興隆。」

從二〇〇四年到二〇一八年，華盛頓州底下為奧林匹克國家公園覆蓋的幾個郡裡，死於服用甲基安非他命的人數增加到驚人的百分之四百四十二。二〇一八年，華盛頓州有五百三十一人死於甲基安非他命，其中有百分之七十七是四十七歲以上的白人男性——這數字包括許多在木材戰爭期間於華盛頓州長大的人，他們看著當地社區被排擠出伐木業。在洪堡郡，服用甲基安非他命的人占所有吸食過量毒品的四分之一。在太平洋西北地區，服用甲基安非他命人數與遊民人數漸趨一致。

在二十年職業生涯中，國家森林局調查員明登很肯定盜木與藥物成癮之間密不可分：「不幸的是，許多盜木賊有藥物成癮的問題。我認為，在我所處理過涉及盜伐雪松或楓樹的案件中，有百分之九十都有藥物成癮現象。」她的觀察與紅木國家公園暨州立公園護管員特洛伊類似，後者說奧里克鎮的貧窮，再加上「甲基安非他命嚴重成癮」，是盜木的主因。我的數十位受訪者和以上兩人的意見相同，他們認為盜木都是這些「吸食安毒的人」、「甲基安非他命癮君子」和「毒蟲」幹的好事。

不過，研究成癮問題的蓋伯・馬泰醫師（Dr. Gabor Maté）寫道：「所有成癮行為的核心都是一份傷痛。」馬泰的研究成果對近年來藥物成癮治療趨勢有很深的影響。如果將他的觀點應用在太平洋西北地區，就能讓我們看清易成癮藥物（hard drug）會蔓延的背後原因：人們服用這些東西不僅是因為更能專心工作，而是能有效撫平傷痛。服用甲基安非他命毫無疑問有其後果，但要是與生活中缺少甲基安非他命時的感受相比，這樣的後果對人們來說其實微不足道呢？

現在戈德斯比把輔導的重點放在童年創傷，他解釋道：「我們了解到，大部分人看到某種藥物成癮（尤其是甲基安非他命成癮）的人會說：『你這傢伙到底有什麼毛病啊？』但是我們會看著（同一個人）說：『你發生了什麼事？』顯而易見的是，人們渴望藥物帶來的解脫。」

不過在奧里克這樣的小鎮，對甲基安非他命等藥物的汙名化和其他小鎮如出一轍。藥物濫用是可恥的事，人們判定這些服用者是「對社會沒有貢獻」或「沒用」的人。就像是二〇二〇年初我一開始和賈西亞聊天時，他不承認自己服用甲基安非他命。但是他的起訴案所附文件指出他「經常性服用管制藥物」，並將他的藥物使用情況列為「重度」。

休斯認為，指控服用甲基安非他命的人是為了買毒品而盜木是不公平的。「我們也要付帳單。我們和其他人都一樣，只是我們住在一個荒涼的地方，沒有工作，他們也不想為了防止盜木而雇用我們。」人們假定盜木的人吸毒是因為「我們晚上要清醒的工作」，但他說：「其實我們白天也都是醒著沒事幹。」

休斯是這故事的主要受訪者中，少數幾個願意對我坦承自己有吸毒的人。從我們早期的對談開始，他就表示自己想戒掉，即使（甲基安非他命）能讓他專心。休斯承認：「它不是好東西，不幸的是我染上了這習慣。但是我不能沒有它，因為我再也不想服用利他能。」我們的討論時常變得很有哲理：「有沒有服用的人之間的關係是斷裂的。他們總是覺得自己比對方好。但是我也有我的道德觀。我也有我的顧慮。一旦你認識我，就知道我也是個很好的人。」

現在有「紅木惡棍」（Redwood Bandit）之名的克里斯・古菲怒斥之所以會有人盜木是為了買甲基安非他命的想法，他指出：「你只要去看個醫生，就會藥物上癮了。」

然後他又說：「但是我問你，你去工作，就會有薪水，對吧？你可以養活自己？一個人拿到錢，他就能滿足他的需求，當他的需求什麼的被滿足以後，要做什麼就不干你的事了。」

值得注意的是，盜木與服用甲基安非他命之間最明顯的連結之一，是來自於A&E頻道的熱門真人實境秀節目「干預」（Intervention）。在某一集中，觀眾將跟著住在洪堡郡南方的芬代爾（Ferndale）附近的柯利・湯恩（Coley Town）。節目將湯恩描繪為一個為家庭奉獻、個性敏感的丈夫與父親，只是剛好對甲基安非他命成癮。他童年過得很辛苦，在父母婚姻破裂之後，幾乎被逼到崩潰邊緣，同時也深受吸毒母親的影響。湯恩從事伐木工作十年以上，他自己在鏡頭前說：「這是個平和寧靜的工作。除了我的鏈鋸和樹木發出的尖銳聲音之外，森林靜悄悄的。」

我們見到湯恩時，他正在待業中，但自我催眠去盜取樹瘤就能脫離貧窮。觀眾看著他在車庫裡吸甲基安非他命，然後在大白天就出門去盜樹瘤。「這鄉下到處是樹瘤啊老兄，我告訴你。」他向一個朋友如此保證，當時兩人正開著小貨車朝森林前進。

我們跟著湯恩的腳步走進樹林（節目中沒有透露確切位置），他對朋友喊著說自己找到依附在某個紅木樹樁上的上等樹瘤時，攝影機離他只有數步之遙。觀眾目睹湯恩用鏈鋸削切紅木，把樹瘤從樹幹中間切下來，然後把這些偷來的木頭丟下山坡，裝進卡車的車斗裡。

湯恩向我們解釋（但內容是錯誤的）樹瘤像是樹的癌症，但是很有市場價值，可以讓人賺大錢。同時甲基安非他命也讓他覺得自己所向無敵──「彷彿我可以徒手搬動一座山。」攝影機在樹林裡跟拍湯恩九個小時。某次他喊道：「老兄，你一定要過來這裡，我發現從沒見過的最大樹瘤了……我在作夢嗎？我們再也不用工作了！真漂亮……我們可以靠它賺到兩萬、兩萬五或三萬美元！」

他的太太在攝影機前說：「我們沒辦法讓他不去碰樹瘤，目前之所以會有這種瘋狂執著的狀態，和甲基安非他命脫不了關係。」湯恩也和太太的看法相同：「我不只對甲基安非他命上癮，我也對樹瘤、螺旋狀和漩渦狀上癮。」他把樹瘤當作是成癮症狀，以及拯救自己的機會。但是三個月來，湯恩沒有賣掉任何一個樹瘤。

某一天，他的貨車車斗載滿木塊，準備把這一車木材載到尤里卡郊外一家叫樹瘤之鄉（Burl Country）的樹瘤店，之前我經過這家店好幾次，用在公路上的大招牌招覽著遊客。在對這些偷來的木頭估價之後，店家對湯恩開出區區五百元的價錢。湯恩聲稱老闆讓他賤賣這批貨，因為自己看起來像「毒蟲」，最後開著車把樹瘤帶回家。

在對這一集節目的評論中，《紐約時報》形容湯恩是個「精神錯亂的美國拓荒者」。但是更微妙的評論出現在網路上，該節目的某個支持者在 intervention-directory.com 網站中表示：「我來自太平洋西北地區的一個貧窮伐木小鎮，撫養我的人和周遭其他人都是伐木和鋸木廠工人，他們吸甲基安非他命就像別人喝咖啡一樣。柯利的生活和吸食甲基安非他命的方式，對我而言再熟悉不過，因此我看了節目覺得很不舒服。」

湯恩對許多在太平洋西北地區居住和成長的人並不陌生。我和某個曾經吸食甲基安非他命的人聊過，他還記得某天晚上自己坐在華盛頓州一個毒販的公寓裡，有個男人走進來，手裡拿著一片剛鋸下的楓木，打算把這片楓木做成吉他。

——

毒品和毒品交易在更廣泛的文化中占有更獨特的地位，在洪堡郡尤其如此：這兩者既是該郡的救世主又是獵捕者。作為北加州翡翠三角區（Emerald Triangle）的一部分，數十年來無論是在黑市或者是（目前）合法的市場上，大麻銷售都促進了洪堡郡的經濟。進入洪堡郡的公路兩旁排列著大麻公司的廣告看板，之前的觀光景點已經轉變為合法的大麻藥房。種植印度大麻大幅帶動經濟發展，因此甚至有廣播節目會廣告用來收成大麻的大桶子：「好市多目前正在特價！」（這個電臺的贊助說詞如下：「一旦『金黃色嫩芽』替你賺進大把鈔票時，還有哪裡更適合讓你度過高額進帳的那一天呢？」）

根據當地人相傳的說法，你絕對不能問洪堡郡人他們是做什麼的。記者麗莎・摩爾豪斯（Lisa Morehouse）在《加州報導》（*The California Report*）雜誌中寫道：「這是某種特殊的禮節。」她接著解釋，為避免摘大麻時沾到手指上的樹脂黏到別人身上，「你在大麻收成的季節不能跟別人握手；擁抱別人時要張開雙臂，手掌心朝上。」

現在大企業已經學到許多在後院種大麻的人，在這幾十年來就知道的事情：壯觀的紅木生長在潮濕陰暗的環境中，這也是最適合大麻生長的地方。洪堡郡公有林地上某些面積最大的非法砍伐地帶，就是人們為了種植大麻所造成的；研究人員和國家公園護管員證實，北加州數千個非法伐木的地點已經轉為大規模的大麻種植地，他們將其造成的損害與盜獵大象的危害相比。

然而對於奧里克這種規模較小的鎮而言，蒸蒸日上的大麻經濟並沒有以救世主之姿介入。實際上，反而使得該地區在大麻經濟的另一個轉變中陷入困境：從偷偷交易到合法販賣的轉換，這點並不只是將大麻公開生產這麼簡單。例如：在網飛（Netflix）上播出的系列紀錄片《喪命山》（*Murder Mountain*），就記錄了在加伯維爾附近、離當初「回歸土地運動」社區不遠的某個地區，經營大規模非法「大麻屋」的一批歹徒。在片中，尤里卡和阿克塔的街燈桿和社區公布欄上貼滿失蹤人口海報（北加州原住民女性失蹤案件數在加州排名第一）。如果你想為非作歹但又能逃離法律制裁，洪堡郡可說是最適合的地方。郡裡的暴力已經變形，從內部瓦解為一個失敗的烏托邦。洪堡郡吸引了地下組織、窮困潦倒的人、執著的環保人士和匆匆過客。在《喪命山》裡，某個居民這麼說：「和平與愛已經隨著七〇年代逝去，現在大家眼裡只有錢。你在這裡可以發現美國西部拓荒時代的最後遺跡。」

同時，洪堡郡的房子也變得愈來愈貴。許多長期居民因為房價過高而離開社區。在奧里克等小鎮，頹圮的房屋要價遠高出可能入住的人所能負擔的價格。鎮上的商會擔心，在買家掏錢支付過熱市場索求的房價之前，房子就會倒塌。於是奧里克陷入了惡性循環：無論是想使這地方成為永久家園，或者將其建設成觀光客想駐足的地方，惡名遠播的毒品問題和缺乏美觀的房屋都會使投資者望之卻步。

在雪曼對金州（Golden State）加州衰亡的伐木業所做的開創性研究中，將結論歸咎於政治問題。她寫道，從許多訪談中可看出，政府「以被罵得狗血淋頭的環保人士等都市自由主義者的利益為優先；他們被認為必須為目前伐木城鎮的貧困負責。大部分居民覺得，這兩方都不關心他們的物質生活與民生經濟。」然而雪曼指出，把焦點放在道德與個人議題的右翼人士說得一針見血：「當獵槍是你和孩子互動的主要方式，還再造你獨特的文化，同時也讓你能供養家人時，槍枝管制在你眼中就很可能是一項嚴重的威脅。」

如果把槍枝換成斧頭，也是一樣的道理。

第十二章　逮捕一名歹徒

「那棵樹受到監控。」

——丹尼・賈西亞

二〇一三年五月二十五日，在聽到泰瑞・庫克於答錄機裡留下的咆哮聲不過一天之後，懷特到辦公室就聽到賈西亞的電話留言，[1]說自己想談談，並且同意到她的辦公室去。當天午餐時間過後，他坐下來和懷特談了一個多小時。

如同國家公園的文件中提到，坐在懷特對面的賈西亞承認自己對於在神祕樹被充公的八片樹瘤不陌生，堅稱自己第一次看到那塊木頭，是在距離紅木溪步道約一英里的一塊砂石地入口處。他憑藉記憶形容那木頭有像鳥眼一樣的獨特漩渦紋路，此外，根據懷特之後所說，賈西亞暗示自己曾經修飾過那塊木頭。接著，懷特帶他到國家公園管理局用來保管被扣押木頭的南方管理中心儲藏室，賈西亞證實那些確實是在砂石地看過的木頭。然而賈西亞只不過是認得那些木頭，這樣很難構成逮捕他的正當理由。護管員們需要把贓物和鏈鋸都放在賈西亞手中的具體證據。

兩天後，護管員從奧里克一間叫樹瘤比爾（Burl Bill's）的店裡，扣押了更多從紅木溪來的木頭。這些木頭堆在樹瘤店的門廊上，護管員比對後發現和神祕樹拍下的樹瘤照片上的紋理吻合。樹瘤比爾的老闆說這些樹瘤是在「半夜出現」，沒有相關文件：「我到處去問。有謠言說是丹尼・賈西亞把木頭丟在我這兒。」

不過，護管員還是缺乏足夠的定罪證據。因此他們繼續調查新的盜木地點，希望或許能以盜木罪名起訴幾個「不法之徒」成員。

護管員開始懷疑盜木賊竊聽了他們的無線電通訊，因此能追蹤護管員的行動來避開巡邏。國家公園管理局官員也很懊惱自己極少能當場拍下盜木賊犯案時的照片：明亮的頭燈或閃光燈往往扭曲了藏在樹上的隱藏攝影機影像，而且攝影機也老是被偷走。因此一個國家公園管理局小隊開始採取更先進的偵察方式。這個小隊與來自佛羅里達國際大學（Florida International University）和加州州立大學（California State University）的研究員合作，運用從上方掃描森林的雷射測距儀（LiDAR）技術。護管員能藉由雷射測距儀標出國家公園最容易被偷的樹木位置，然後小隊再策略性地去附近擺放攝影機和其他的監測設備。

護管員也藉助於另一種新方法，那就是隱藏在林地上的磁感測板，當偵測到高密度金屬的鏈鋸鋸片，磁感測板就會有反應。因為護管員相信盜木賊會再次出現，於是會把兩片感測板（每片就要價一萬元）埋在之前的盜木地點。磁感測板只要一啟動，就會秘密向南方營運中心發出警報。然而在埋藏之後，兩片磁感測板的感應器都沒有響過。

五月底，護管員懷特和丹妮要求國家公園管理局的特別調查員史提夫・余（Steve Yu）前來協助他們。余平時在優勝美地工作，不過他來到北邊，整個夏天都在紅木林裡辦這件案子。關於盜木這件事，余說，「有掠過我的腦海，但對此不太熟悉。」抵達奧里克時，他注意到這地方不是典型的門戶社區（gateway community）。「因為以我的經驗，大多數門戶社區都會服務遊客」，然而奧里克「是個悲傷的小地方……鎮上到處都是安非他命」。

余和護管員們在掛滿白板的會議室坐下來，開始籌劃這小鎮的社會動學（social dynamics）。余說：「我們畫出人際關係，看看是什麼維持這些關係，以及缺少了什麼訊息。一開始，這根本是不可能的任務，對吧？不過一旦你有了白板上的訊息，就能看出必須鎖定的是什麼。」

對余而言，克里斯・古菲很顯然是「不法之徒」的核心人物。不過，國家公園管理局的目標是將盜木賊定罪，以此傳達一個訊息，就是他們有很好的理由起訴賈西亞。余說：「我們跟古菲私下溝通過。回想起來，古菲聰明得不得了。那是他的個性。他不會罷休。」作為替代，他們決定絞盡腦汁證明賈西亞的罪行。

余陪著護管員們一起在奧里克周圍進行調查和訪談，他說：「這是克里斯・古菲和護管員，以及賈西亞和護管員之間的真實版貓捉老鼠遊戲，這件事一直在進行。」快到六月底時，小隊開始懷疑有些奧里克樹瘤店和人們後院裡的木頭，是來自於紅木國家公園邊界的某一段紅木溪裡，而不是來自森林深處。有一天懷特、丹妮和余來到溪邊，在水裡找到用金屬纜線固定在岸邊的兩根原木，有人已經從原木上砍了幾塊木頭下來。河岸邊四處散落著瓦斯罐和鋸木屑，還有一塊從卡車上掉下來的後檔泥板。

二〇一三年夏天，護管員調查了流入鎮上的大批非法樹瘤，其中有一次就在賴瑞・莫羅住的綠谷汽車旅館後面藏了一片樹瘤。某個個人倉庫裡也曾出現過一片樹瘤，出租倉庫負責人告訴調查員，曾經無意間聽到有人談論那片藏起來的樹瘤。

同時，賈西亞和他的緩刑官會定期會面，這是二〇一二年在咖啡廳爆怒後法院訂定的條件。賈西亞說，那年春天到夏天，國家公園護管員太過「頻繁」的拜訪，讓他覺得自己受到騷擾：「好像每隔幾天他們就會在那裡——東找西找、東看西看。」護管員從來沒有在他公寓發現任何木頭，但是他們從賈西亞的卡車上沒收了一些漂流木，說是他沒有獲得許可就在隱蔽灘上撿拾木頭。

國家公園管理局對賈西亞一案的調查成果豐碩，儘管調查活動已告一段落，要取得逮捕令卻還得再花好幾個月。護管員必須等到二〇一四年春天，這起案子才能進入尤里卡的法院審理。接著，他們不能再去衝破賈西亞公寓大門，只能出席他在四月的緩刑會面，以重大竊盜罪起訴他。到了五月，賈西亞被判犯下重大竊盜罪、破壞公物和收受贓物，還因為盜木和將木材賣給樹瘤店的罪名，被判罰一萬一千一百七十八・五七美元。接受認罪協商的賴瑞・莫羅，僅被判三年緩刑。

在案子的預備階段，護管員丹妮安排一位阿克塔的林業專家前往樹瘤被盜的現場。這位專家名叫馬克・安德魯（Mark Andre），是當地顧問公司的林務員，也是評估和計算木材價值的專家。除了計算木材的體積，他還測量木材的高度、直徑，並估算品質。安德魯表示，鏈鋸的各個切口圍繞著這棵樹幹直徑達十英尺的紅木，導致心材暴露。雖然這棵樹還沒倒下，但有可能生病或腐爛；而樹幹較低的部分確實已經開始腐爛了。在測量扣押在南方營運中心證物櫃裡的樹瘤後，安德魯估算這棵樹受損部分的總值將近三萬五千美元。

要做出對賈西亞的判決時，法官談到：「我認為賈西亞先生的犯罪行為與毒品成癮議題有關……看著你過去的所有經歷，毒品似乎是你問題的根源。」接著，法官強調這項犯罪最嚴重的本質：「我認為需要說句公道話，住在加州北岸，紅木美景就在我們周遭，然而，從整體來看我們卻沒有珍視紅木。我認為你，賈西亞先生，損毀樹木的行為是投機取巧……事實上，為了生活在我們這州與國家的人民，也為了全世界，樹木必須加以保存。」

法官也提到這項犯罪的特殊性質：「本州沒有任何一條法令……能準確適用於本案。我認為你的判決，賈西亞先生，將能對這個社區傳達一個訊息，也就是希望其他人不會再做出同樣行為。」

「賈西亞先生，最後我想跟你說的是，我看見……我看見一個人犯罪的原因似乎是長期服用毒品。你根本改變不了這一切，但我想生活在一個不同的地方有助於你做出有意義的改變，我希望這會發生在你身上。」

至於賈西亞則否認上述對自己特質的描述，如今他在尤里卡的家裡回憶起這件事情時說道：「我砍下樹瘤是因為我需要付房租的錢。這些年來我有我的問題，不過（安非他命）都不是導致我去砍那個樹瘤的原因。」

賈西亞上訴要求降低罰款，訴說著對這起案件的新聞報導是如何讓他很難找到工作。他堅稱：「他們讓我陷入最糟糕的狀況，這讓我很困擾。樹林裡明明有很多（樹瘤），我並沒有弄死那棵樹，那棵樹沒死。至於對那棵樹造成的損害，我想也沒想過。這一直藏在心裡。我並不覺得我做的事是對的，可是就像我剛才說的，那對樹造成的傷害也沒有他們說的那麼大。」

站在自己的院子裡，泰瑞‧庫克說賈西亞大面積去砍伐紅木，把事情搞得太大了：「我對他說，你他媽的你再這樣，我就要搞垮你，親自把你交給警察。」泰瑞的伴侶切里希‧古菲（克里斯的前妻）點頭同意：「對於他那樣做，我們都氣壞了。大家都是這麼想，因為那蠢透了好嗎？」

賈西亞在二〇一四年五月中的時候入獄，然後在接受認罪協商後被釋放。法院要求他以分期付款的方式支付全額的罰金，並且遠離國家公園。二〇一五年十月二十二日，國家公園管理局用碎木機攪碎了賈西亞盜取的樹瘤。

第十三章　大廈

「帶你的朋友來見我，我就讓你見見你的未來。」

——德瑞克・休斯

身為木工車床人員的休斯在三十多歲快四十歲之前都住在家裡。他的職業沒有太多升遷機會，而且發現自己很難抓住任何一樣永久或穩定的事物。根據他的母親琳恩・內茨的說法，休斯的家庭生活可能很不穩定；他的繼父賴瑞・內茨在精神狀況方面有些問題，隨著年齡漸長而益發嚴重，於是休斯自己就搬去另一個城市或小鎮租房子住，但他無法存到足夠的錢來支付第一個月的租金和押金。

內茨家用燒柴的火爐取暖，休斯有時會去住在附近的朋友的土地上，砍些橡樹和草莓樹當柴火。琳恩・內茨比較喜歡這些樹種，因為燒起來溫度很高且持久；她睡前放一塊木頭到火爐裡，早晨會發現還在燒的木炭。不過話說回來，去離他們家只有幾英里的隱蔽灘還是比較容易，即使海灘上又老又乾的紅木比較快燒完。

休斯家所在的社區，人們稱作「大廈」（the Blcoks），這社區位在國道101號成排店面的後方。琳恩稱這一區為「計畫案」（the Projects）。「大廈」裡的許多房子都雜亂無章，雖然有些經過重建，但其他房屋的院子裡都堆滿了切碎的木頭、停放的車子，或蓋上油布的老舊機器。

休斯最早是在二〇一〇年左右跟著賈西亞一起去隱蔽灘偷木頭。[1]兩人透過「庫克大宅院」的熟人圈子認識了對方。雖然賈西亞比休斯大了十歲，兩人成年後卻成為摯友。休斯承認：「你知道的，兩個成年人就得去賺點錢，（所以）我們就去做了。」

一開始是賈西亞在夜間盜木時帶著休斯同行，接著休斯就獨自行動。穿著平常便服的休斯會盡可能把車子停在靠近海灘的地方，然後徒手把木頭搬到卡車上。他無論晴雨都會出門，帶著手電筒和鏈鋸，然後切開散落在海灘上的原木，從側面劈下大塊木頭。有時海灘上劈剩的木頭看起來很像有靠背的長凳，可以坐在上面看海。

起初，休斯把偷來的樹瘤丟進內茨家的火爐裡，或當作木工車床的練習：「拿木頭做碗非常簡單，我發現如果做得好，就可以賺些錢。」不過，最終他把目光轉向那些更大量可以拿去賣給當地店家的木頭，以及能賺取更快、更大筆報酬的工藝品。休斯有時候會將那些木頭做成藝術品，有時做成木屋瓦。「你知道嗎，如果他們把海灘讓給我們，就沒人會去森林裡了！」[2]

他又說：「沒人會在出門做這件事的時候說：『**喔，我要去犯罪囉。**』那些年紀大的傢伙都在這兒，他們覺得，**我要去做自己行之有年的事情。如果我被抓那真爛透了，不過我們在這裡就是這麼做。**」

同時，琳恩則開始去國家公園工作。起初她在金色峭壁灘（Gold Bluffs Beach）和草原溪（Prairie Creek）附近的露營區販賣部上班，後來又在附近的戶外教育營當維修工。鎮上的人都知道琳恩是個愛動物的好人，時常在當地的咖啡店和老闆喝杯濃縮咖啡，她拴了繩子的寵物鵝就跟在腳邊。她在臉書上放了張自己的照片，照片中的她身穿國家公園的制服，露出驕傲的表情。不過，後來琳恩和國家公園管理單位的關係變了調；某年夏天他們不再要她回到販賣部工作——因為他們通知說，她的財務報表有太多錯誤。覺得被忽視的琳恩就這樣患上了輕微的妄想症。

雙方的不和延續到下一代。休斯和比他年長的賈西亞、克里斯・古菲與泰瑞・庫克一樣，和在奧里克鎮上及周遭巡邏的護管員發展出一種緊張關係。休斯說：「他們沒有一個人來自洪堡郡，在地人知道怎麼對待在地人。如果在地人攔下某人，他們會知道自己面對的是誰。這能緩解緊張關係。」

他接著說：「我模仿他們對待我的方式，他們不喜歡那樣。」他看著紅木國家公園的總護管員特洛伊和其他護管員在「大廈」附近走動，試圖培養線民。尤其是護管員佩羅，根據休斯的說法，他是特洛伊的「小嘍囉」。當休斯被這兩個臨檢盜木的護管員攔下時，就朝著佩羅問道：「你真的想替他辦事？」[3]

——

某樣不見了的東西吸引佩羅的目光，於是把注意力從馬路轉向梅溪附近的岔路；接著感到一陣心痛，因為知道有東西消失了。佩羅巡邏時通常會將眼光掃過公路的路肩來尋找盜木跡象，他還記得分隔國道101號和梅溪的一座農場，門口的上鎖鋼製大門左手邊有一堆石頭。但是二〇一八年一月二十四日這一天，佩羅在紅木國家公園進行例行性巡邏時，注意到這堆石頭散落各處。有些滾進排水溝裡，還有些散落在大門附近。

佩羅在大約四分之一英里外的地方迴轉，繞回原地。他把國家公園管理局的卡車停在路邊，走下車，在農場大門左邊看見原本堆石頭的地方有輪胎痕跡。這道在大門和樹葉之間參差不齊的痕跡，沿著一條小徑通往一小塊空地中間。輪胎痕跡就在這裡消失無蹤，而佩羅則找到呈半圓形散落的鋸木屑和碎木頭。

佩羅在野外穿的防彈背心上別了一個呼叫器，他按下了「送出」按鈕，頭微微歪向右邊對著無線電呼叫器，和位於南邊約五英里外的南方營運中心護管員賽斯・甘納（Seth Gainer）說話。佩羅回報：「這裡看來像是個盜伐地點。」就在甘納向佩羅確認他正在前去支援的路上時，天上下起雨來。

梅溪是流經北加州紅木生態系統的部分水道網絡，最後會流入太平洋。河岸上長滿灌木叢，很難開出一條路來，所以不論是要穿過或下到梅溪都不容易。佩羅盯著地面，跟隨矮樹叢裡他認為是腳印和輪胎印的痕跡。某些地方的灌木叢被某種形狀不規則、不是人腳的東西壓平或壓碎。

佩羅往右轉，他注意到一條**期望路線**（desire line）——這不是一條由護管員開出來和維護的正式步道，單純是某個人想要朝這裡走而踩出的路。尤其是在雨林裡，期望路線模糊難辨，很容易錯過，但到處都是。佩羅可以看見有一條這樣的路通往山坡上。

不過，這時突然間下起了傾盆大雨。佩羅沒帶外套，所以跑回卡車，開回南方營運中心，換上乾的衣服，還帶了些設備。然後他又開回同樣的地點，發現甘納已經在小徑上往前走。這時雨停了，但是依然霧氣瀰漫。

這次佩羅拿著相機，把這條小徑拍下來。他在護管員訓練中學會在樹林裡辨認與判斷胎痕的新舊，不過也是因為在森林裡長大（佩羅是加州雷丁市〔Redding〕人），才懂得檢視胎痕的深淺。多年來他和朋友在鄉間小路上碰面，因此學會辨認車輛的軌跡。在梅溪，佩羅注意到這些印痕很像是東洋輪胎（Toyo Tire）的胎痕，他自己的一輛舊卡車上就裝過這牌子的輪胎。

佩羅和甘納在期望路線上會合。繞過約七十五碼下垂的樹枝和高大的樹葉之後，來到一個山脊頂端，接著轉向左邊，發現一棵樹幹底部被挖空的紅木。在一個三英尺多高的切口上，佩羅看見這棵樹的內部——由蒼白的木頭和外層樹皮形成的對比。飄到突出的苔蘚和樹葉下方的鋸木屑還很新鮮乾燥。

現場散落著衣服和工具。雖然佩羅和甘納從木頭上的溝槽，就可以看出伐木的人用了鏈鋸，在樹樁附近也躺著一把菲斯卡（Fiskars）斧頭。地上還有一副黑色工作手套，據推測盜木賊是因為太熱而把手套脫下來丟在地上。

兩名護管員看出盜木賊砍伐的策略：切口砍在臨時開出來的小路另一側，面對著幾乎不可能有人會進入的濃密矮樹叢，因此被發現的可能性不大。這棵樹的木紋和五年前賈西亞稱讚不已的鳥眼漩渦一樣，有著波浪狀的深琥珀色花紋，就像是被擾動的一池水波。佩羅表示：「這漂亮的木頭拿來做桌子和其他東西都很適合。」鳥眼木紋的價錢比一般紋路的硬木高出許多倍；經過打磨後會呈現出飽滿的紅棕色。

佩羅開始做紀錄：

一、這棵樹的樹樁直徑是三十英尺。

二、原本就不是完好無缺的狀態。（在受國家公園保護之前，這地區的紅木就已經被大量砍伐。然而驚人的是，剩下的樹樁還是非常巨大，從期望路線拍下的照片，也照不出這棵樹的全貌。）

三、這棵紅木還活著，底部冒出新芽。（有許多原因使得紅木如此獨一無二，特別是它是一種從種子或樹樁都能發芽的針葉樹。紅木往往會從原生樹曾經生長的地點周圍長出一大圈「仙女環」〔fairy ring〕，從樹樁底部突出的多節樹瘤裡蘊含的新生命中，就能長出新的紅木。）

四、盜木賊的目標是樹瘤，不是樹幹。

五、現場留下的物件顯示，盜木賊隨時都有可能回來拿剩下的木頭。

回頭往下坡走的佩羅和甘納瞥見附近有一棵倒下的樹幹被砍成碎片。在樹幹側面的六英尺長切口看起來還很新，厚木頭板就這樣被取下來。

佩羅在二〇一六年冬天加入紅木國家公園工作團隊，在這之前他曾經在內華達州的大盆地國家公園（Great Basin National Park）和佛羅里達大沼澤地國家公園（Everglades）工作。他的父親在國家公園管理局擔任維修工，而佩羅從小長大的加州伐木城市雷丁，其西邊、北邊和東邊被國家公園的森林包圍。

有時候佩羅的父親會帶他去上班，任由他整天都在步道上閒晃；佩羅會隨意停下來釣魚，或研究野生動物的足跡。年紀大一點之後，佩羅知道他想到外地工作，發現執法工作很適合喜歡每天接受新挑戰的自己。但是「我不想在放假時還要工作」，因此一開始沒有選擇去森林局。在加入國家公園管理局受訓計畫之後，他選擇代表保護的P（Protection）作為職涯目標，這表示工作時必須攜帶武器執法，而不是替遊客導覽。

國家公園護管員的形象，尤其是在北加州偏遠地區，常被人誤以為是天性純樸的善心服務人員，會穿著一身卡其制服，頭戴寬帽緣的毛氈平頂帽，提醒遊客「不留痕跡」。事實上，數十年來護管員也是積極執法的官員，他們也是警察，只是穿著的制服不同。這是有道理的：國家公園護管員比起美國邊境巡邏隊，甚至是FBI探員都來得更容易遭到攻擊。

追捕盜木賊牽涉到複雜的計算。有些護管員在值勤時被殺害；曾經有一名奧林匹克國家公園護管員就在森林深處遭人槍殺。在某份研究報告中，研究員發現國家森林局的人員太擔心性命安危，以致於他們根本不願意進入森林，或者藉由發動引擎和遵循固定巡邏路線，以便刻意提醒盜木賊他們出現了。

佩羅的上司特洛伊曾經在仙納度國家公園（Shenandoah National Park）和美國獨立紀念館（Independence Hall）工作，之後才來到紅木國家公園。就在對賈西亞的調查接近尾聲時，特洛伊被任命為紅木國家公園暨州立公園的總護管員（賈西亞被判刑的那一天，就是特洛伊上班的第一天）。特洛伊在南方營運中心的辦公桌後方，掛著一張警官替罪犯戴上手銬的滑稽漫畫。

佩羅最終還是回到紅木國家公園。他和太太以及出生不久的兒子定居在奧里克南方二十八英里的麥金萊維爾鎮上。我們見面時，佩羅正和年幼的兒子一起看打獵的影片，兩人模仿著馬鹿的叫聲。紅木國家公園一直是他想一展抱負的職場之一。佩羅知道在調派到這裡之後會正面迎擊盜木賊，於是迫不急待想在「高度執法」的國家公園裡工作。紅木國家公園的護管員逮捕犯人的次數比其他國家公園更多，也經常破獲大量毒品、攔截遭竊武器，或撞見有人攜帶沒有執照的槍枝。

佩羅在紅木國家公園的三年中，摸透了國家公園在地理位置上的獨特挑戰，包括主要公路不偏不倚穿過國家公園的中心地帶，護管員在輪一次班的時間內無法巡遍數萬英畝林地，以及奧里克鎮與附近社區千瘡百孔的社會經濟狀況。佩羅負責的這個天然資源十分稀少且美麗，需求量高，因而極具價值，出於同樣道理也很需要保護。奧里克就在國家公園邊界旁，這表示護管員有時必須在鎮上的街道、民宅或店面進行搜索或調查；如此一來，他們似乎承擔起警察，而不是護管員的責任。就算他們下班後去加油或到郵局寄信時，身上還是穿著制服。奧里克居民有時會抱怨，覺得護管員在國家公園範圍之外還在監視自己，或當成調查對象。護管員和警官之間的分界線往往很模糊——護管員並不是總戴著寬邊毛氈帽的親切荒野導覽員，不過也不是每個護管員都會配槍；奧里克居民受到的管理方式就在這模糊地帶之間。

—

二〇一七年，琳恩・內茨的狗兒「先生」（Mister）死掉了，陷入她所謂的「又一次憂鬱症」之中。她發現自己很難搬離奧里克，雖然很想這麼做。沒錯，琳恩在鎮上有歸屬感，而且永遠有說話的對象，但是也經歷過與賴瑞分離的過程。她在國家公園設立的教育中心工作，不過開始覺得護管員以嚴厲的態度評斷自己，因為她對當地人太友善，即使用她的話來說，「他們不是最棒的人」。

這時琳恩的兒子休斯已經和女友莎拉（Sara）住在他於內茨家平房後方蓋的小屋裡。這間小屋只有一個房間，還把屋頂升高，加上可供睡覺的夾層，裝了隔熱層和乾砌牆。這下子休斯自己的暖爐也要燒柴了。

那年夏天的某一天，琳恩和休斯帶著新養的小狗在隱蔽灘散步，這時有兩個護管員迎面走來，開了一張書面警告單給琳恩，因為她的狗沒有繫狗鍊。休斯按下手機按鍵拍了現場的情形，然後在晚上上傳到臉書。影片中他和母親堅持小狗沒有繫狗練，是因為可以把牠抱到海灘的原木上。但總之，護管員回答不准這樣做。雪上加霜的是，他們又以卡車車牌登記錯誤為由，開了休斯的罰單。

然後手機攝影機畫面指向沙灘，休斯拿著釣竿的拉長影子出現在地面上。在護管員要求看他母親的證件與開罰單時，休斯問道：「我還是因為盜木而被調查嗎？」

「不是。」護管員回答。

在影片中我們聽到他跟母親說：「丹尼出獄了。我讀了他的證據開示資料，顯然我還在因為砍倒一棵紅木而被調查。真不敢相信！」[4]

這次事件發生後不久，琳恩就被國家公園教育中心開除。[5]她覺得這一定和海灘上的爭執有關。

第十四章　拼圖

「（國家公園）不是當地人的。」

——克里斯・古菲

站在挖空的紅木殘幹底下，護管員佩羅擬定了一個計畫。他和同事甘納在國道101號旁，那個上鎖的鋼製農場大門旁邊的樹上，藏了兩個小型動態偵測攝影機，把機器塞進樹葉裡，只有鏡頭露出來。然後又在通往盜木地點的路上裝了六個攝影機。

佩羅和甘納必須定期把隱藏在樹上的攝影機拿回來，才能在辦公室裡下載影像並觀看。為此佩羅在二〇一八年二月的某個下雨天回到梅溪邊的盜木地點，更換攝影機的記憶卡。到了那裡，他發現溪岸旁有新的輪胎印，而且倒下的紅木和紅木樹樁上又有更多被砍過的痕跡。不只如此，之前在樹樁附近的一些木塊被移走了。

回到南方營運中心，佩羅坐在沒有窗戶的小辦公室裡頭的一張桌子前面。牆上掛著一幅約翰・韋恩（John Wayne）的海報，上面寫著一句訓勉的話：「勇氣就是雖然怕得要死，卻依然套上馬鞍。」

佩羅把記憶卡裡的影像傳到硬碟裡。由於攝影機是用紅外線捕捉影像，照片看起來大多是黑白的。即使是微風都會影響到照片顯像，因此頭幾張都是無效的照片。不過，在時間標示為二月二日的一些照片中，一輛淺色卡車抵達現場，在腎蕨前面掉頭。相機拍到的部分畫面被鏡頭前面的一根樹枝擋住，不過在另一張照片裡，佩羅可以看得出卡車司機模糊的輪廓：正站在打開的車門旁邊抽煙，煙頭閃著光。

佩羅設法放大影像好看得更清楚，但沒有辦法。即便如此，佩羅覺得自己可以辨認得出這男人的身高和體型：他又高又瘦。佩羅懷疑那是休斯，在鎮上看過這個人，時常到海灘上拿木頭。檢查了更多照片之後，佩羅看見卡車出現了好幾次，不過相機有時候沒有照到卡車司機。於是他走向總護管員特洛伊的辦公室。

「你覺得這看起來像誰？」佩羅把筆電裡的照片拿給特洛伊看。

「像德瑞克・休斯。」特洛伊說。

「我也這麼覺得。」佩羅說。

——

特洛伊記得他之前的上司丹妮曾說，即使一直懷疑休斯涉嫌盜木，卻「從來沒有抓到德瑞克」。特洛伊還無法證實，但懷疑休斯從國家公園裡取走的木頭數量「十分驚人」。

就在南方營運中心開始縮小梅溪盜木案嫌犯的範圍時，他們造訪各個樹瘤店，開車在奧里克鎮附近打聽，特洛伊說「幾乎是和每個願意說話的人」談話：「很多人不喜歡去（南方營運中心）。他們不想要被任何人看見自己在這裡。」因此他去找街上的路人，到處去敲門，並且拜訪當地的店家。特洛伊和佩羅也開車到內茨家裡，去檢查一輛灰色豐田小貨卡車的輪胎，發現那是東洋牌輪胎。

佩羅他們與當地人的對談，再加上小徑上的動態偵測相機裡的證據和胎痕分析，將一切都指向休斯。然而紅木國家公園護管員又花了三個月才從洪堡郡地方檢察官那裡拿到搜索令，得以搜索休斯的房產。不過他們認為自己很幸運——因為花了幾乎比休斯多一倍的時間，才蒐集到逮捕賈西亞的足夠資訊。

在起訴盜木案時，執法面臨的挑戰之一就是取得逮捕令和把案子送進法庭。許多地區的檢察官不想承辦盜木案，因為根據丹妮的說法：「當法庭在辦謀殺案、強暴案或其他什麼案子的時候，就會優先處理這些案子，而不是去懲罰某個偷樹的人。」盜木受到的處罰往往很一般，而且洪堡郡的監獄已經人滿為患，因此當地司法系統很希望能得到合法起訴盜木賊的鐵證。

護管員還在調查休斯案件時，一名新的代理地區檢察官來到洪堡郡，這位檢察官過去就是藉由起訴環境犯罪者來建立名聲。安德魯・卡馬達（Adrian Kamada）以專辦野生動植物起訴案聞名，在接下這份工作時，就深知盜木案對國家公園造成很大的困擾。卡馬達對於環境犯罪的興趣濃厚，熱切支持防止盜木的執法行為。休斯被森林裡的相機拍到時，卡馬達正在起訴近年來洪堡郡歷史上最怪異的環保犯罪案：犯人攀爬到奧里克鎮附近的岩壁上，盜取上千株稀有的仙女杯屬多肉植物（Dudleya succulent，一般稱之為「長生花」〔liveforever〕），放在網路上和海外市場販賣。[1]

紅木國家公園團隊根據收集到的證據，準備申請內茨家房產的搜索令。這表示他們不僅請求法庭提供搜索令，也安排多個執法單位提供支援。

正如總護管員特洛伊所說，執行搜索令一開始多少總是有些害怕：「你不知道踹開這些人的門之後，他們會有什麼反應。一方面很興奮，另一方面很緊張。前十五分鐘是充滿動感的。」

二〇一八年三月二十七日晚上，國家公園暨州立公園的護管員聚在一起，複習當晚執行搜索令的計畫。休斯和女友莎拉在家裡。休斯稱之為他的「小屋」的那棟農舍，與琳恩和賴瑞的房子隔了一段距離，成為這對伴侶的私人小天地。小屋門口掛著一張床單，分隔前門和房間，也擋住戶外的蟲子。前門正前方的梯子上去是休斯建的閣樓；左邊是客廳兼臥室，擺著電視和茶几。

不久之後佩羅、特洛伊和一隊執法人員就來到內茨家敲門。佩羅宣告他們有搜索令，房子裡的三個人──琳恩、休斯的姐姐蘿拉及賴瑞──出來到前院，小隊開始進行搜索。

在院子裡轉了一圈之後，特洛伊和佩羅靠近小屋。休斯和莎拉正靠在床上看電視，因此當阿瑪萊特15型半自動步槍突然間掃開門上的床單，然後定住不動瞄準休斯的臉時，他大驚失色。休斯認出拿槍的人是特洛伊，這時也注意到特洛伊的手指放在扳機上。

休斯記得自己當時這麼說：「先生，把你的手指從扳機上移開，如果對我開槍，你得付出慘痛的代價。」

他也記得特洛伊的回答：「閉嘴，走出來。」

到了戶外，佩羅把休斯推到地上，銬上手銬，把他的頭壓在卡車某個輪胎邊。特洛伊記得休斯「大聲叫囂──主要是對著我吼叫。我不在意。」休斯否認涉嫌盜木，但法院的文件上寫道，他轉向護管員愛蜜麗・克里斯汀說：「沒錯，我有安非他命。」休斯也聲稱他們家散落各處的木頭，是一個在鋸木廠工作的朋友從廢木堆裡挖出來給他的。

護管員搜索小屋時，這一家五口就站在後院。

特洛伊說：「老天，我們找到一大堆木頭。」

他們在小屋裡找到看起來像手指虎的東西（不過，休斯說那只是一個形狀像非法物品手指虎的皮帶頭）、一個小塑膠袋的安非他命，和四個安非他命煙斗。架子上放著一把手槍，和國家公園設施遺失的一串舊鑰匙。[2]小隊也扣押了休斯的筆電和手機。

準備離開的時候，佩羅注意到在門口附近的牆上用圖釘釘了一疊紙。後來發現這就是賈西亞盜木案的法庭文件——正如休斯和母親在隱蔽灘與護管員發生口角時所提到，他確實曾經看過那些證據開示資料。

小隊隊員在戶外搜索停在車道上的露營車，找到上面刻有REDW縮寫的動態偵測攝影機，也就是護管員通常會藏在樹葉裡的攝影機。搜索小隊也在內茨家的三個地方找到成堆切碎的紅木：一堆在圍籬邊，一堆藏在露臺的防水布底下，一堆在與車庫相連的木工工坊裡，裡面還有一臺木工車床和各種做到一半的紅木木碗半成品。

特洛伊說：「我很驚訝看見他自己製作木碗，在我們遇過的其他案子，那些人都是把沒有加工的紅木木板拿去賣。」不過，有幾片較大的木板還沒有經過車床加工。特洛伊接著表示：「看得出（那些木板）符合我們正在調查的遭竊木頭。如果他把木板全都做成碗，我們要說那是來自（梅溪的）紅木，難度就太高了。」

休斯被送上國家公園巡邏車，車子開往尤里卡的洪堡郡高等法院，那裡的一名職員登記了六項對他的刑事指控：破壞公物重罪、收受贓物、重大竊盜罪、持有手指虎、持有甲基安非他命，以及持有甲基安非他命相關器具。休斯離開法院大樓，等琳恩來接他。

休斯在事後告訴我們：「到頭來，（梅溪的）木頭就在我家。」

國家公園管理局千方百計要起訴盜木賊。加州的國家公園占地廣大，護管員面對的是不可能跨越的障礙：他們的控告需要有人加以說明，不能夠不證自明。因此起訴盜木賊成了一種機會遊戲——你祈禱有一名遊客注意到樹被砍了，然後向有關單位舉報，或者希望能逮捕盜木現行犯。

二〇一四年，就在護管員懷特和丹妮調查一連串樹瘤案時，紅木國家公園暨州立公園決定關閉國道101號上所有路邊的避車道和停車場，此舉基本上就是發布一道禁令，使得所有停在路邊的車輛看起來都非常顯眼。佩羅說，問題是有些盜木賊喜歡這樣做：道路封閉時，他們會徒步走進森林，然後在沒有人車經過經過的地區，把木頭藏在樹後面，第二天早上再回來載走。佩羅解釋：「所有苦差事就都完成了。」

佩羅等國家公園護管員表示，他們可逮捕盜木賊的選擇是**有限的**，在後勤與財務規模上來說都是如此。要遠端監控紅木國家公園暨州立公園裡每一棵原生紅木是完全不可能的，把國家公園用柵欄圍起來，藉此不讓夜間健行的人或夜裡開車的人進入，也同樣不切實際。

反之國家公園設了一支通報專線，不過佩羅說偶爾留下的語音留言「怪透了」。因此護管員仰賴的是意外發現的事物，由當地人提供——現場巡邏時突然發現一個盜木地點，有時事後還有當地略有所知的告密者提供相關消息。

佩羅說：「現實的做法是（我們可以派）一到兩名護管員專門負責試著找出這類東西。不過在當有其他事情使我們分身乏術時，還得找到經費來填補這職缺……。」不過，森林裡的個人恩怨和地盤之爭會使盜木賊將對方出賣給執法者。處理某些案子時，如果告密的線民願意提供盜木地點的資訊，國家公園管理局也會豁免這些人身上尚未裁決案件的小額罰金。在同樣脈絡下，紅木國家公園協會（Redwoods Park Association）與拯救紅木聯盟，則共同提供五千美元獎金給指認盜木賊的人。

執行搜索令的行動成果豐碩，總護管員特洛伊因此鬆了口氣，但是也知道將休斯定罪的步驟尚未完成。二〇一八年五月九日，六名國家公園的員工將在內茨家扣押的木頭搬上車，開往梅溪的盜木地點。一行人將一個大樹樁和三片紅木木板放進電動獨輪車，推到期望路線上。他們在樹樁上轉動扣押的木頭，滑動的木塊像拼圖一樣完美接合。

佩羅持續調查休斯的盜木案，時間來到二〇一八年六月，他接觸了內茨家的鄰居羅伯特・安德森（Robert Anderson），當時這人在洪堡郡矯正機構（Humboldt County Correctional Facility）坐牢。安德森在對話中承認休斯是他朋友，並回憶起休斯某天深夜來請他「幫忙自己做點事」。

二〇一八年冬天，安德森透露他們分別有兩次在夜裡從奧里克出發，開了十分鐘，來到一棵紅木樹樁前。安德森形容大概的地點是：一條岔路附近的林間平臺。他說休斯有帶著一把鏈鋸。

安德森描述兩人「大半夜在樹林裡走來走去，尋找某一棵樹」。兩天後的晚上，他們第二次出門時找到了那棵樹，開始收集樹幹周圍的木塊，然後把木塊往山坡下的卡車滾去。安德森用手比了木塊的大小，大約只有二十四英寸。休斯告訴安德森，他要用這些木頭做碗。

五月二十四日早上，安德森和休斯在郡立監獄的電話交談紀錄，可以作為支持調查的證據，這段對話被地區檢察官辦公室的調查員錄下。休斯去找監獄裡的安德森時，兩人討論最近報紙上刊登的休斯盜木案。經國家公園管理局辨認為休斯的聲音向對方抱怨道，都要怪這條新聞使自己找不到工作：「這簡直就像他們**想要**我去砍紅木樹瘤一樣。這篇報導的口氣好像是我們砍了一棵紅木。但那只是一個**樹樁**。」

安德森提供佩羅另一個有用的情報：他應該去找一個叫查理的人。

佩羅在鎮上認識了查爾斯・沃特（Charles Voight）這號人物。[3] 生長在奧里克的沃特過去在鋸木場工作，和賴瑞是多年的同事。沃特和休斯是朋友，彼此經常見面。一開始調查梅溪盜木案時，佩羅曾經在路邊攔下沃特，在他身上找到安非他命煙斗。國家公園管理局沒有因此起訴沃特，反而設法利用這個機會，以撤銷他的起訴案來換取休斯案的資訊。沃特在南方營運中心隔著國道101號對面的一間超市工作，因此某天佩羅和護管員克里斯汀走過馬路，叫沃特下班後到南方營運中心一趟。

當天傍晚，佩羅說沃特敘述在休斯的邀請下，一起到國家公園的一個樹樁前。沃特堅持他事先不知道休斯的打算，但是一到了現場，就目睹休斯用鏈鋸把木頭從樹樁上切下來。他形容那地方是在從鎮上往北開十分鐘，一個公路的岔路附近。沃特聲稱自己沒有砍樹，只負責把風，然後幫忙把木頭運回卡車上。

佩羅很肯定戴著眼鏡、五呎九吋高的沃特，不是偵測相機拍到的照片中的人（難以辨認的嫌犯容貌重建影像也和沃特不符）。休斯才是與照片相似的人，雖然他事後聲稱是沃特借走自己的卡車，還車的時候上面就載了木頭。之後休斯要把木頭賣給製作笛子的工匠，但工匠不願意付他開出的高價。

攝影機依舊隱藏在梅溪的樹叢裡。佩羅解釋：「我們讓（休斯）知道我們在監視他。如果看見他開車穿過（公園），我們會攔下來——他總是會違反某種交通規則——看看他打算幹什麼。」

那個夏天稍晚，護管員接獲一份報告，內容詳細敘述休斯手機裡的訊息。裡面的許多文字訊息——有些還附上照片——都和原生紅木木板的販賣有關。

——

休斯說自己絕對不會做出賈西亞幹過的事：砍一棵活生生的樹。「如果樹倒在地上，那就是已經死了。我們不會再跑去摧殘這些樹。」

在預審時，國家公園管理局護管員和律師，以及休斯跟他的辯護團隊聚集在尤里卡的洪堡郡法院法庭裡。休斯看著國家公園管理局提出該案的證據，多年來他在接受律師和國家公園管理局的調查和諮詢時，都一直堅持自己的清白。

國家公園護管員在文件上認出佩羅隱藏的攝影機所拍出的影像，照片上是個戴著頭燈的男人。事後休斯回憶道：「站在講臺上，他們所有人全程看都不看我一眼。」

檢方也傳喚了安德魯，也就是曾估算賈西亞造成的損害為三萬五千美元的林業專家。在內茨家扣押了休斯案的木材之後，佩羅也請安德魯估算這批木材的價值。現在，安德魯四年後再度回到南方營運中心的證物櫃，拍下他發現堆在那裡的三十二塊木頭（之後會在電腦上評估木紋）。接著他和佩羅一起來到梅溪，用捲尺和檢尺杖（Biltmore stick）「測量」樹幹和原木的「縫隙」。安德魯在現場勘查日誌上做筆記，再回到辦公室計算木材的市值。安德魯將現場木材的測量數據換成板英尺，被盜的木頭總合計兩百八十五板英尺。最後，安德魯用這數字向當地鋸木場詢問，計算出可能售出的零售價。

安德魯在法庭上表示：「（我）有那個專門市場的買家資訊，你知道的，那是個很小的市場。這些少數的買家不太想談這件事，不過我和一些買家談過，他們發誓自己只買當地從合法伐木區來的木材。」

板英尺是估算木材價值的標準公制，但有些買家是按照重量付錢（在南方營運中心證物室那批木頭有一千三百三十磅）。還有些買家喜歡每塊木頭固定支付多少金額；按照這種算法，安德魯保守估計，盜來的木頭大約是每塊五十美元。不過他相信用板英尺來計算，會比較接近這批木材的實際價格。最後，他估算出的價格是六百二十五・五美元。

顯然原生紅木的精確價格並不容易估算，因為只占美國每年售出木材的不到百分之一，如此稀有就讓紅木不會受到更大市場的影響，例如：利率、房屋改造和新屋開工等等。不過，估算紅木**真正的**價值，必須把生物多樣性、在森林中的影響、對觀光業產生的力量，以及在美國文化中的地位也考慮在內。

安德魯在證詞的結論中說：「順道一提，那個樹樁還是活著的。它在發芽，正長出次生紅木。它是個樹樁，但也是一棵活生生的樹。」

第十五章　新的波瀾

「我猜你可以說，人們只是想討生活，就只是這樣而已。」

——克里斯・古菲

二〇一八年，休斯正等著法院審理他的案子，太平洋西北地區再次經歷一波盜木活動數量上升的浪潮。包括道格拉斯冷杉在內的幾個北美樹種的價格水漲船高。二〇一八年的價格飆高到每一千板英尺——也就是用於建築的成木標準尺寸、二乘四英寸的木材共一百四十三片，又或者是約相當兩柯度的木材——超過四百四十美元。盜木的獲利如此高，於是有些人甘冒風險。

在華盛頓州，人們用「大流行」（epidemic）這個字形容從公有地上盜木的情形。該年年底，華盛頓州自然資源部（Washington Forest Protection Association）部落格上的一篇貼文這樣說：「有些人鋌而走險，其中有些人有毒癮，因此想藉由在聯邦和DNR（該州的自然資源部）的土地上非法伐木，滿足毒品需求。」

二〇一九年，溫哥華島上盜木賊猖獗，在自然資源官（Natural Resource Officers, NROs）轄地上被砍伐的樹木之多，使他們「忙得不可開交」。英屬哥倫比亞省自然資源官的責任是防止該省森林的收入損失。他們執行法律與規章，穿著裡面有防彈背心的全黑制服值勤。節節升高的森林犯罪率促使英屬哥倫比亞省訓練自然資源官進行肉搏戰，一份報告中建議他們要攜帶警棍和胡椒噴霧劑。

二〇一九年一個晴朗的春日午後，溫哥華島西南邊納奈莫市（Nanaimo）的自然資源官路克・克拉克（Luke Clarke）巡邏時，我跟在他後頭。我們就在這短短幾小時內，沿著距離連接溫哥華島各城鎮的中央公路不到一英里的一條路上，遇上好幾處盜木地點。

英屬哥倫比亞省森林局的林道邊緣，樹樁隨處可見，它們原本都是高聳的樹木。該省有許多海岸道格拉斯冷杉、大葉楓、鐵杉和原生雪松林。多年來，居民和環保人士已經說服省政府限制城鎮附近許多地區的伐木活動。但是官方禁令也無法使這些地方免於遭受前所未有盜木熱潮的侵害。和加州北部的紅木一樣，路旁高大的樹木是盜木賊的絕佳目標，因為這些樹木提供完美的遮蔽，他們可以把整棵樹迅速抬起來裝到車上。克拉克說：「我實在跟不上，盜木案太多了。」從二〇一三年到二〇一八年，英屬哥倫比亞省的自然資源官舉報的森林犯罪有大約兩千三百件。最常見的就是盜木、非法採集和縱火案。

在這段期間，盜木賊鎖定的樹種主要是道格拉斯冷杉、雪松和楓樹，這些樹木可以變成從原木料到木屋瓦等所有木製品。

道格拉斯冷杉最常被劈開來當柴薪賣，因為燃燒時的溫度比別的樹種高。路邊可見到有人在賣木材，臉書的 Marketplace 等電商平臺上也有人以每車斗固定多少錢來販售。

雪松通常用作不同木屋瓦或家具的原料，不會當柴燒，價格比道格拉斯冷杉大約貴三倍。雪松的特色包括顏色鮮豔而深、充滿木頭香氣，及其筆直生長的習性，這些都讓其成為價格較高的熱門木料，尤其受到製作桑拿室和木陽臺的業者愛用。

砍伐楓木尤其需要技術。和道格拉斯冷杉不同的是，楓樹的樹枝會分岔和傾斜。有點歷史的楓木市場主要是將楓木製成樂器的鋸木廠，但近年來克拉克目睹了一種全新的需求面：「走進溫哥華任何一間酒吧，幾乎都會看見一張邊緣沒有修整的原木板桌子。這種桌子太常見了。它們是哪裡來的？有些是合法取得，有些不是。」

如果你知道該怎麼找，就很容易發現英屬哥倫比亞省的盜木活動：泥濘的輪胎印從鋪滿松針的林道通往公路，路肩上散落著樹枝。英屬哥倫比亞省設立的加拿大皇家騎警森林犯罪調查小組

（RCMP Forest Crime Investigation Unit）兩名調查員之一的帕梅拉•榮（Corporal Pamela Vinh）說：「這就好像從罐子裡拿走一片餅乾——沒人會注意到。但是偷走一整排裡的好幾棵樹？那就太明顯了。」

我和克拉克開車到某個之前認定的盜木現場，但是新的盜木地點如雨後春筍般冒出來，所以當我們又遇上一個新地點時，他並不驚訝（不過是一小時內，我們就在道格拉斯冷杉老熟林中經過三個盜木地點）。克拉克的工作已經成了監看外表灰色、有著凹槽的道格拉斯冷杉枯立木，因為是該地區某些瀕危物種的棲地。

克拉克在新發現的盜木地點跳下卡車，把調查需要的工具搬下車。他用捲尺和種植編號塑膠旗子測量樹木，拍下剩餘樹樁和樹幹的照片，然後用平板電腦把這些數字輸入資料庫，作為日後進一步追蹤調查該地點之用。最後，克拉克開始檢視地面的輪胎痕跡和靴子印。

被盜伐的樹所在的那片林地上，現在是無家可歸者的帳篷聚落。在某個地點，一片濃密灌木叢與一條小溪交會，這一區附近的地上到處都是枯倒木。經過這裡，我們發現溪上放了一座臨時搭建的木橋，方便人們過到對岸。這個地點一部分是營地，另一部分被用作盜木活動地——盜木賊把木頭運到橋的另一邊，當柴薪在路邊賣，或賣給附近城市納奈莫的客人。

納奈莫和那些美國太平洋西北地區在經濟轉型與長期失業潮中掙扎的社區，有著許多共通點。對溫哥華島上的許多盜木賊來說，市場需求只是動機之一：英屬哥倫比亞省面臨人們無家可歸與鴉片類藥物成癮兩種危機糾纏不清的情形。二〇一八年，加拿大最大的帳篷城市就在納奈莫（約有三百名居民稱這地方為「不滿帳篷市」〔DisconTent City〕）。該市人均無家可歸的比率為全省之冠。

帳篷城市造成納奈莫的認同危機，市民紛紛在廣播電臺和報紙社論發表意見。雖然許多當地人寧可相信這些無家可歸的人來自外地，二〇一八年十一月，英屬哥倫比亞省房屋局（BC Housing）在報告中指出，帳篷城市裡的主要居民過去早已在納奈莫住了許多年。

自然資源官辦公室隔壁，是一棟為了容納某些「不滿帳篷市」裡的居民，所蓋的全新集合住宅。克拉克偶然在集合住宅的停車場看見一個之前起訴的盜木賊，原來他住在那棟住宅裡。克拉克說：「他手頭相當拮据，我問他問題時，他很誠實地說出一切，說人們只有靠賣柴薪賺錢。」

克拉克在各處的步道和馬路入口的電線桿高處貼招牌，以便公告一支舉報盜木賊的匿名專線。他和其他自然資源官在穿越市鎮的公路兩旁的樹上，裝設隱藏攝影機。克拉克花時間在他周遭的鎮上找出線民。

英屬哥倫比亞省司法系統裡的盜木案往往就是在這裡擔誤了時間。和美國的情況類似，加拿大自然保育官員必須對盜木賊提出毫無漏洞的控訴，才能順利將他們送上法庭。追蹤該省在二〇一三年到二〇一八年間的兩千三百五十起森林犯罪事件，只有其中的一半有被調查與起訴；當然，也僅有一百四十件上了法庭。

遏止盜木賊的下一步挑戰，就是對他們科以適當的罰金。對於一棵蘊含整體價值的原生樹木，我們該如何給它一個數字呢？

——

二〇二〇年與二〇二一年，英屬哥倫比亞省的情況變得更糟了。二〇二一年四月的某個春日，我接到該省陽光海岸社區林（Sunshine Coast Community Forest, SCCF）一位名叫莎拉・齊勒曼（Sara Zieleman）的行政人員的電子郵件。齊勒曼寫這封信是要讓我知道，附近一棵樹齡兩百年的道格拉斯冷杉最近被偷了。她說：「在我們這地區，老熟林樹木極度不足。因此這次我們損失慘重。」

位在英屬哥倫比亞省本島西南一小塊土地上的陽光海岸（Sunshine Coast）是一條有一百一十英里長、類似紅木公路的道路。這條鋪設柏油的蜿蜒道路位在海岸山脈底下（Coast Mountains），被大片垂掛著青苔的森林包圍，緊靠著小港口、峽灣、海峽。這裡沒有紅木，但是該區有豐富的生物多樣性，特色是高聳的雪松、道格拉斯冷杉和鐵杉。岩壁陡峭的島嶼零星散佈在岸邊，可搭渡輪或私人小船前往。有些島嶼很小，是無人島。另外有些島嶼上有著避暑別墅。一年到頭都住在這裡的人，熟知這地區豐富的伐木歷史。

在吉布森斯鎮（Gibsons）北邊公路上的陽光海岸社區林，是那地區的傑出成就。在英屬哥倫比亞省的森林戰爭陰影下，從二〇〇三年起，社區森林由一個志工委員會以保育、休閒和取用木材為目的加以管理。這個委員會旨在進入受到管理的保育地點和商業使用之間的空白地帶，透過發放免費許可證，提供社區利用與採集柴薪。陽光海岸社區林已經制訂了取用計畫，並為了財務報酬維護森林，但是也將集水區管理、道路永續發展，以及野生動物未開發保留區等納入考慮。

二〇二〇年，陽光海岸社區林的營運經理戴夫・拉賽爾（Dave Lasser）告訴我：「我們每年都會發放幾百份免費許可證，他們都有燒柴的火爐——他們很愛用。」四年來他都在社區林的同一個地方收集自家的柴薪。拉賽爾推測：「這個秋天我要收集十到十二車。我可以都放進燒柴的火爐裡燒。撿拾柴薪很療癒。」

然而社區林還是遭到盜木賊圍剿。二〇一九年春天，大約在克拉克追蹤國有地上的盜木賊的同時，拉賽爾宣稱森林正遭逢盜木的「大流行」。他估計在過去五年裡，約有一千棵樹從社區林和周圍的國有土地上被盜走。光是在一條林道上，拉賽爾就數到幾百個非法盜伐後剩下的樹樁。

有一片冷杉、鐵杉和雪松的混和林，逐漸成了鐵杉與雪松的混和林，冷杉已經被偷取柴薪的盜木賊砍走了。

有時會有一般民眾打電話到陽光海岸社區林的辦公室，說他們在社區林地裡發現一棵倒下的樹。還有些時候，拉賽爾在平時開車經過社區林街區的路上，看見被砍伐後的樹樁。某次他發現一棵七十英尺高的道格拉斯冷杉就這樣被丟棄在地上，周遭樹林茂密，卡車根本無法開到附近。

拉賽爾說：「大多數時候，盜木賊會做的是去找一棵樹，把它砍倒在路上，與路面垂直，然後以道路兩邊的水溝為基準截出中間部分，切成圓片，丟進卡車，走人。」樹的兩端，也就是樹冠和最靠近樹樁的樹幹部分，往往被丟棄在路邊的鋸木屑堆裡。拉賽爾接著說：「有時你開在一陣子沒用的路上，會發現有人亂丟樹，好像那是他們自己私人的小型柴薪森林——你知道的，在五十平方英里內有十棵樹的那種。」

二〇二〇年五月的某一天，拉賽爾開車經過一棵高大的道格拉斯冷杉，它的樹幹上有一個很大的切口，一個車子的千斤頂無可救藥地卡在樹上。他懷疑盜木賊想砍樹，但是他們用的鏈鋸太小，最後就放棄了，只剩下千斤頂還卡在樹幹上。他感嘆道：「真是一團糟。」

在這之後，拉賽爾在附近一棵樹的樹枝上架設了一臺監視攝影機，希望能抓到再回來砍樹的人。幾天後攝影機拍到一個手裡拿著鏈鋸的男人，把那棵有切口的樹砍倒，橫在路上。然後這個盜木賊再依序把樹切成圓片，把這些違法的木材裝進連在貨卡後面的拖車上。

不過，當時是二〇二〇年，該省的法律遵循與執行小組（compliance-and-enforcement team）裡的某些隊員被調派到美國邊境巡邏（為因應新冠肺炎流行，從該年三月開始美國邊境已禁止非必要旅行）。植樹與砍樹被視為必要的勞務，因此省政府派遣許多林業遵循官員（forest-compliance officer）前往監控這些活動，以確保有遵守新冠肺炎相關規範。盜木根本不在優先處理事項中。

然而對木材的需求依舊有增無減。一卡車的木材到達三百美元的新高點，只要有人看中一個地點，一天砍下來的木頭就能裝滿幾卡車（更往南靠近溫哥華，以及該省人口眾多的本島地區，同樣一卡車的木材要價可以高達八百元）。拉賽爾甚至還聽到一些風聲，說某些毒販開始要求用木材而不是現金支付；他們可以把盜來的木材用卡車載到幾小時車程的南邊賣掉，以求快速獲利。

在拉賽爾看來，盜木與毒品成癮的連結顯而易見，他語帶保留地告訴我：「因為他們需要現金去滿足……毒癮。」沒錯，陽光海岸社區林免費柴薪計畫容許任何人愛拿走多少都行，但是「私人使用」准許證必須由森林行政官員核發，而且只有在野火季以外的時間才能收集柴薪，「一般會在秋天與晚春之間」。這項禁令禁止人們在四月到十月間收集木材，而這是最常有遊客坐在營火前的一段時間。

根據英屬哥倫比亞省的規定，一棵樹的樹齡至少要到兩百五十歲（或「第九級」），才能被歸類為老熟林。在陽光海岸社區林裡遭盜伐的那棵道格拉斯冷杉，之前一直矗立在原地，希望它能達到這個里程碑。森林工作人員尋找能展現老熟林特性的樹木，也就是生長在茂密的樹林裡、高度達一百英尺的樹，並且刻意保留它們的原樣。你常會見到拉賽爾形容的「在一個盜伐地點上單一一個樹樁零星出現在」被砍伐的樹林裡，看上去孤伶伶的，但隨著樹齡漸增，最後將會成為老熟林。老熟林會成為猛禽的家，這些猛禽棲息在樹枝和樹冠上，等著獵物冒險進入被砍的樹樁，然後往下俯衝，捕捉田鼠。卡著千斤頂的那棵道格拉斯冷杉的樹冠受損（在暴風中斷裂），但它是一棵供動物棲息的「野生動物樹」，因此免於遭受進一步的折磨。

就在一柯度木材的價格逐漸攀升的同時，對盜木賊來說，盜木的風險也變得愈來愈值得去承受。拉賽爾說：「如果一個人一天出門去可以載兩卡車木頭回來，就能賺到五百塊。即便你能定某人的罪，罰金是多少——一百八十塊？這連一柯度的錢都不到。」於是許多自然資源官和皇家騎警加強臨檢，特別注意車斗裡裝載木材的卡車，要求司機出示自用柴薪的許可證。如果沒有許可證，司機就會被罰款，木材也將沒收。

拉賽爾相信，適當保護老熟林，需要的措施不只是提高罰款，也要增加在荒郊野外巡邏的森林護管員數量。但他猜想：「然而這樣做是否只會轉移犯罪，逼迫盜木賊用別的方法賺錢？」

拉賽爾說：「要他們去你家，還是林子裡？」

第十六章　起點樹

「有的人會信任某些人，我想你可以說，那是個很小的圈子。有信譽的人還是有的。」
——克里斯・古菲

二〇一八年八月四日早晨，一縷煙從奧林匹克國家公園上方升起。八月是太平洋西北地區野火季的高峰，國家森林局的荒野消防員迅速追查到冒煙的源頭，舉報消息的是一名人在駝鹿湖（Elk Lake）下游步道起點的健行者。

三人一組的消防員追蹤冒出的煙，來到一條熱門步道附近的山溝。起火點在傑佛遜溪（Jefferson Creek）岸邊一棵成齡楓樹的周圍。後來沒多久人們就稱這棵楓樹是「起點樹」——森林大火就是從這裡往外蔓延三千三百英畝。

一場森林火災正在這個地點緩慢延燒。消防員班・狄恩（Ben Dean）研究現場的地面，認為火勢可能起於楓樹底部的一個樹洞，但是什麼引發火勢卻不清楚；這一區濕度特別高，林地很潮濕。狄恩注意到現場看起來像是有人準備在這裡伐木：附近一棵道格拉斯冷杉被修剪過，好方便靠近楓樹；楓樹樹幹上也用噴漆噴了一個打勾的記號。楓樹旁邊擺著兩罐殺黃蜂的噴劑。不遠處狄恩還發現一罐紅色的瓦斯罐，和裝著伐木標準工具的迷彩背包，裡面有鏈鋸的鍊子、鎖、伐木楔和汽油。

這三個消防員在現場做筆記的同時，另一名森林局官員大衛・賈科斯（David Jacus）前來協助。在火災地點附近，一個當地人開著白色雪佛蘭休旅車 Blazer 經過，賈科斯知道這人叫作賈斯汀・威爾克（Justin Wilke）。同時火勢一發不可收拾，火焰從樹幹往上攀升，直竄到樹冠。消防員感到大火的熱度，知道自己沒有適當的滅火設備。狄恩認為隊員們再待下去太危險，於是他們收集現有的證據——背包和紅色的瓦斯罐——離開現場。

狄恩的卡車停在步道入口，決定在卡車裡過夜。他把證據交給賈科斯，然後從車上監控擴散的火勢。賈科斯知道威爾克在離起火點的楓樹約一百五十碼的營地過夜，因此他開去那裡，在一輛白色露營拖車裡找到了威爾克。威爾克否認盜伐那地區的楓樹，說：「我連鏈鋸都沒有。」然而當晚，一輛白色車子朝著狄恩過夜的步道入口快速駛來。這輛白車接近狄恩的卡車時慢了下來

（他的卡車上印有國家森林局獨特的綠色與金黃色盾牌形狀標誌），然後神祕地迴轉後離開。

森林局無法熄滅這場大火，它被冠上「楓樹大火」之名。大火整整燒了三個月，一直到該年九月，範圍包括國家森林和州立森林的土地，總共花了四百萬美元才將火撲滅。一等這場楓樹大火熄滅，森林局就引進一位專家，確認起火點在最初那棵楓樹底下。專家表示，由於濕度很高，有人用了某種助燃劑讓火持續燃燒。進一步偵察後，森林局發現在這附近還有另外三個盜伐楓樹的地點，殘留的樹樁上笨拙地堆著樹枝和殘餘木屑。被盜伐的樹木據估計總值為三萬一千八百六十美元。

雖然威爾克那個月就在該地區露營，森林局護管員知道他也睡在另一個拖車上，那輛拖車停在離駝鹿湖步道口約九英里的私人產業上。在接下來的調查中，賈科斯造訪該處，在後院拖車附近發現木屑和小塊的楓木；院子裡堆放著廢棄的機器、工具和家具，與「庫克大宅院」極其相似。

這私人產業為艾倫・理查特（Alan Richert）所有，他說在起點樹旁發現的背包確實是威爾克的東西，而威爾克那年夏天一直和另一個叫作尚恩・威廉斯（Shawn Williams）的男人在森林裡盜伐楓樹。[1]這兩人將非法木材拿到理查特的院子裡切成塊（他們在附近的塔姆沃特〔Tumwater〕找到一間願意收購木材的鋸木廠）。

楓樹大火案是線民在盜木事件中發揮作用的最好例子。在森林局調查楓樹大火的過程中，威爾克朋友圈子裡的許多人都出賣他。他的一個朋友告訴調查員，威爾克鎖定那棵起火點的楓樹準備砍伐，但是樹枝上的一個黃蜂蜂巢使他卻步。

接著威爾克的腦海中浮現出一個招來大禍的念頭：如果他們把黃蜂窩燒了呢？

第二天，威爾克和其他三人來到楓樹前，把汽油倒在樹幹上，點火燃燒。一開始他們以為火勢在控制中。當火焰開始延燒時，他們用開特力運動飲料瓶到附近溪邊裝水，試圖滅火。大火逼得這群人解散，威廉斯最後搭朋友便車回家，事後朋友還作證，威廉斯抱怨他的手被黃蜂螫了。

森林局官員繼續追查。塔姆沃特鋸木場的老闆給他們看一份帳目文件，上面顯示他在五個月內至少和威爾克買過二十二次楓木。在鋸木場後面的房間，幾百個木塊堆在一起，高度到達房間的一半。在每一次和解協議中，威爾克都拿出許可證，證明他的木材來自私人土地。當森林局官員前往他提到的私人土地時，卻連半個楓樹樹瘤也找不到，他們甚至看不到一棵楓樹。

不過，在森林裡找到的三個楓樹樹瘤，很快就造就了歷史的新頁。威爾克案聲名大噪，不僅是因為引發了森林大火，也因為該案運用前所未有的方式將主謀繩之以法：這是第一場在盜木案中以樹木ＤＮＡ當作證據的審判。

第三部——樹冠

第十七章　追蹤木材

「他們說那就像是偷走自由女神像的皇冠，或是蓋茨堡的軍人墓碑。」

——丹尼・賈西亞

華盛頓的國家森林局官員在上法庭時知道，自己已掌握證明威爾克盜取楓樹所需的證據。他們在訪談中獲得了充足的理由，也計畫打電話給前森林局調查員明登，請她到證人席上解釋有紋路的楓木（也就是縱向紋路會顯現出獨特迷人花紋的楓木）需求量很高，並且指認威爾克案和該地區其他盜木案有著驚人的相似度，包括他們所使用的工具、假造的許可證，以及用碎石和樹枝掩蓋樹樁等。

但他們面臨的挑戰是證明從塔姆沃特鋸木廠扣押的木頭，符合楓樹大火現場樹樁附近取得的樣本。為了盡可能讓案子站得住腳，他們把扣押的木材交給國家森林局的遺傳學家暨分子生物學家瑞奇・克隆（Rich Cronn），他在位於科瓦利斯（Corvallis）的奧勒岡州立大學（Oregon State University）裡的實驗室工作。

克隆的工作是辨認樹木、灌木和草等植物基因組的變異。他替森林局進行的工作主要是研究樹木遺傳學的長期季節性變化，藉此改善森林管理。但是在二〇一五年，森林局對克隆提出奇特的要求：他是否能協助配對扣押木材的DNA，以及他們找到的樹樁的DNA？

克隆對他們說，確實有技術能配對木材和樹樁的DNA，然而要價不斐。不過，基於森林局探員對這項技術自始至終很感興趣，克隆和他的研究機構進行遊說，順利獲得資金，成立以執法為目的樹木DNA分析實驗室。他在科瓦利斯的實驗室加入以科學知識打擊犯罪的行列，與同樣位於奧勒岡州的美國國家魚類及野生動物鑑識實驗室（Fish & Wildlife Service Forensics Laboratory）共享研究與技術。

該研究團隊分析DNA，以便確認木材的生長地。為此他們把扣押的木塊磨成木屑，再與溶劑混和，萃取出原本那棵樹的DNA，再由DNA取得樹木的單核苷酸多型性，即SNP（single-nucleotide polymorphism，唸作snip）作為研究方法。一個DNA分子存在著數百個SNP，SNP已經應用於人類犯罪現場，法醫利用SNP配對加害者的DNA；同樣地，

SNP也可以用於鑑定植物標記。

克隆研究不同生態範圍的DNA，一直設法闡述物種的DNA是如何在各種地理環境和氣候中演化。他的目標是建立一個可供執法者和研究員諮詢的跨區資料庫，讓這些人得以判定扣押的木材是否有源頭可追。克隆解釋：「我們可不希望做出溫哥華島（所有道格拉斯冷杉）的資料庫，結果卻有一場審判在奧林匹克國家公園。」這個資料庫完成之後，對於國家森林局是很有價值的資源，就算找不到樹樁，他們也能辨認被盜的木材（或是鋸木屑和碎木片等物證）原本生長在哪裡。理想狀況下，未來的研究人員都能用這個資料庫，找出任何一種樣本原先生長在森林裡的地點（誤差在五英里內），也更能確認木材是否盜取自公有地。

這個資料庫緩慢但確實在慢慢完善。克隆團隊的成員已經建立大量道格拉斯冷杉、南美香椿和橡樹的資料，現在他們正處理其他高需求的樹木，如美西紅側柏和黑胡桃木。但是田野調查非常繁瑣又耗時。為加快資料庫建立的速度，實驗室與一個叫作探險科學家（Adventure Scientists）的組織合作，後者招募科學家的網絡，收集來自阿拉斯加州、英屬哥倫比亞省、華盛頓州和奧勒岡州偏遠地區的樹木樣本。接著克隆分析每一種樣本，將其特殊的資料加入資料庫裡。

對於收集科學證據已經十分熟練的探險科學家團隊（他們的綽號是「木材追蹤者」〔Timber Tracking〕團隊）擁有從太平洋西北地區樹幹上取樣所需的工具。他們在樹林裡採取木心，也從林地上收集樹葉、針葉或毬果，以及從採樣的樹上收集樹枝。

他們的目標不是取得該地區每一種樹上的DNA樣本，而是從整個生物群系取得同一種樹的數千個樣本。如此一來就能創造出一系列DNA樣本，根據周圍樹木的DNA，確定某一棵樹可能生長在哪裡。克隆說：「DNA序列不代表一個郵遞區號或某個特定的GPS定位點，但我們希望提供的位置精確程度，能到一公里或十公里的範圍內。」

克隆接著又說：「如果有法律但不能執行，這些法律就只是建議而已。我希望鋸木廠老闆和買原木的人之後能自問，**我想去坐牢嗎？我想惹上這一類事情嗎？**」

二〇二一年春天，克隆去信全國的國家森林局官員，詢問他們所在地區的盜木情形。他收到一百七十則回應，內容十分詳細，從偷取柴薪到用來做圍欄柱子的木材都有。一名在奧勒岡的官員描述某個盜伐阿拉斯加扁柏的盜木賊一絲不苟的作風：所有毬果和樹枝都被拿走，地上只留下一小撮木屑，「就好像有人用吸塵器吸了林地一樣」。克隆預計在西岸，美西紅側柏遭盜伐的情況會愈來愈多；在阿拉斯加則很有可能是阿拉斯加扁柏和北美西川雲杉。他說：「我們首要重點就是樂器，我會讓官員有可能去調查所有盜伐樂器用木材的盜木賊。」理想情況下，這個技術會進步到能測試出從卡車地板掃起來的木屑之來源。

在東岸，目前木材追蹤團隊正在採樣從康乃狄克州到德州等三十二州的黑胡桃木樣本。東岸的黑胡桃木生長在河邊與溪邊，因此範圍很擴散。克隆提到黑胡桃木的盜伐時表示：「黑胡桃木前景看好，是魅力十足的新木材。」

在威爾克的審判中，從塔姆沃特的楓木塊收集到的ＤＮＡ樣本，與森林那三個楓樹樹樁完全吻合。不過，威爾克一直沒有對盜木的起訴提出質疑，他只有反駁自己對森林大火的責任。

在華盛頓州塔科馬（Tacoma）的法庭上作證後，克隆開車回家，在車上用藍芽喇叭收聽接下來的審判過程。克隆聽到威爾克的辯護律師引述自己的名字：她承認克隆的樹木ＤＮＡ是有力的證據，但是至於威爾克是不是劃火柴放火燒森林的人，就沒有那麼肯定了。

克隆把車停在路肩繼續聽，記得她接著說：「『對於這一點克隆博士會怎麼想呢？』[1]我心想，是能傳簡訊去告訴她我怎麼想嗎?!真是瘋了。」

威爾克案開了先例，用樹木ＤＮＡ當作盜木證明。紅木國家公園暨州立公園的總護管員特洛伊，在他的辦公室裡評估這種新檢測法，推測如果在休斯案中扣押的所有木材都被歸還，他們就能送一些去克隆的實驗室分析。克隆承認，樹突狀的ＤＮＡ特徵分析或許不能嚇阻其他盜木賊，但是他希望這種技術能讓製造商和鋸木廠引以為戒：「我認為芬達樂器公司（Fender）以為他們已經妥善檢查了合作鋸木廠的負責人，這些人知道他們會看許可證。但是（在塔姆沃特）也確實有許可證——只不過是假的。我想他們用那些木材隨便就能做出五把吉他。」

第十八章　「願景的追尋」

「每一間店的老闆都會從我手裡把它們拿走，毫無疑問。」

——丹尼·賈西亞

克隆的實驗室在努力建構美國和加拿大的盜木資料庫，然而北美非法木材交易數量與其他地方盜伐的數量相比，其實是微不足道。美國森林面積只占全世界百分之八，是排在在俄國、加拿大和巴西之後的全球第四大木材保留地。

大部分盜伐的木材都是從巴西、秘魯、印尼、臺灣和馬達加斯加島等國而來，以玫瑰木、烏木、巴西玫瑰木、輕木和沉香木來做成各種產品，進入我們家中。根據世界銀行與國際刑警組織等機構估計，全球非法伐木的規模每年大約在五百一十億到一千五百七十億美元之間。全世界木材貿易有百分之三十是非法的；據估計今日所有在亞馬遜雨林砍伐的木材中，有百分之八十是盜伐而來（這數字在柬埔寨高達百分之九十）。

無論來自何處，非法木材往往被賣給中國製造商，這些人再把木材製成家具、紙製品（包括食品包裝和紙巾）、建材及樂器，送往全世界的零售商和家庭手中。追蹤盜木的調查員甚至會追查到美國家具與建材零售商家得寶（Home Depot）賣的地板，或是宜家家居（IKEA）賣的椅子。

在某些例子中，盜木不過是替大規模犯罪網絡籌措資金的運作過程中，一個小小的齒輪。眾所周知，索馬利亞的恐怖分子青年黨（Al-Shabab）非法交易木材，以及用盜取的木頭來製成木炭，將木材和木製品納入其資金流的一部分。研究顯示他們將這些木炭運送到波斯灣各國，作為水煙煙斗用的炭。其他研究則發現，比利時烤肉用的煤炭來自非洲的猴麵包樹。在澳洲，有組織的犯罪活動「柴薪架」（firewood rings）每年從塔斯馬尼亞島（Tasmania）運來價值一百萬元的盜伐木材。在緬甸，阿朗多嘎薩帕國家公園（Alaungdaw Kathapa National Park）的盜木活動由該國軍政府提供金援。

即便在有法律管理伐木的地方，伐木也往往受到忽視或無人監管。專家說，在多數情況下，非法交易木材並非難事。幾乎無法克服的各種因素匯聚在一起，使得盜木難以制止。這些因素包括基礎建設使盜木賊輕鬆就能進入森林深處、缺乏遏止大規模砍伐森林的政治意願、假造的文件，以及對於用這些地區的木材製造的便宜木製品需求一直不曾減少。聯合國環境規劃署（United Nations Environment Propramme）前資深官員克里斯欽・尼爾曼（Christian Nellemann）解釋道：「如果是販賣毒品或獵殺大象，你就會經常冒著被逮捕的風險。但如果你賣的是木材，沒人真的在乎。」

植物學家暨作家的戴安娜・貝瑞斯福德—克羅格（Diana Beresford-Kroeger）同意以上說法：「兩千年前的凱爾特文明對樹木和森林的法律保障，都比現代來得多。」

保護瀕危樹種的部分工作，就在一棟單調的一層樓建築物裡進行，地點位於錫斯基尤山脈（Siskiyou mountain）與喀斯開山脈山腳下的山谷裡。在這裡，美國國家魚類及野生動物鑑識實驗室致力於解決發生在橫跨各大陸供應鍊的環境犯罪。

位於奧勒岡州阿什蘭市（Ashland）的這個實驗室於一九八六年啟用，這都要歸功於一個名叫泰瑞・格羅茲（Terry Grosz）的人所做的努力。在美國魚類及野生動物管理局工作了三十年的格羅茲，是野生動物執法界的傳奇人物——此人曾經順著洪堡郡鰻河往下漂，假裝自己是一條鮭魚。

一九七四年某個夏末夜晚，格羅茲穿上黑色緊身潛水衣，打算藉著月光逮捕在鰻河非法釣魚的人。他身高六英尺多，臉部線條柔軟，下巴刮得很乾淨，讓人覺得他是個住在郊外住宅區的大叔，而不是個刻苦耐勞、習於戶外活動的男人。偽裝成魚是大膽的招數——半個世紀之後在科羅拉多州，坐在餐桌另一頭的格羅茲告訴我：「在那些日子裡，加州北部的鮭魚多到你難以置信。一個不小心，你喝水的時候會在杯子裡發現一隻鮭魚。」[1]

在鰻河的淺水處，用大的刺網或甚至用步槍射，都不難在河裡盜捕鮭魚，但法律規定釣客在日落前三十分鐘就要停止釣魚。盜捕的人往往早就超過這時間還在河岸邊釣魚，他們用發光的誘餌釣上六十多磅重的鮭魚。這表示鮭魚永遠到不了產卵棲地，因此數量會逐漸減少。但阻止這些人是狩獵監督官的一大挑戰，即便他們沿著主要道路設置瞭望臺——這預示了四十年之後紅木森林盜木賊的手法。

格羅茲把卡車開到一個叫辛格里洞（Singley Hole）的地點，這裡是鮭魚從太平洋往河流上游遷徙時，會在河裡停留的一小塊地方。他穿上潛水衣，在口袋裡塞了張傳票，然後平躺在岩石上，讓河水把他往下沖。天色漆黑，他可以聽見河水在耳邊轟隆作響，也從陰暗的樹冠之間看見星星。格羅茲回憶當時的情景：「我設法不出聲，然後可以看見那些誘餌在空中飛舞。」格羅茲抓住誘餌，把它勾在潛水衣上，然後讓自己暗中被拉到岸邊。接著他從水中跳起來，拿出逮捕令，讓那些盜捕的人出其不意。

格羅茲就這樣繼續在紅木國家公園裡度過大半的職業生涯，他願意為了保育的遠大理想而採取極端手段，並且因此成為赫赫有名的野生動物保育官員。他在美國魚類及野生動物管理局迅速晉升，最後在執法部門任職。

格羅茲透露，他從不覺得自己有多麼喜歡戶外活動。但卻非常願意為了阻止犯罪而遊走在人類經驗的邊緣，說道：「我擔任的狩獵監督官職位不是一份工作，而是一場願景的追尋。」

美國魚類及野生動物管理局打擊野生物種交易，時間最早可追溯至一九〇〇年，當時通過了《雷斯法案》（Lacey Act），禁止非法交易某些野生動植物來作為保護糧食儲備的方式。過不了多久，很顯然光是靠立法不能完全杜絕環境犯罪。在貿易網絡全球化的同時，此種禁令的確變得愈來愈複雜。到了一九五〇年代，大量野生動物遭非法獵殺，而到了一九六〇年代，以鱷魚為例，全世界就有百分之八十五的鱷魚被屠殺，藉此供應皮革市場。

一九七三年，美國在華府主辦一場大型國際集會，會中通過《瀕危野生動植物種國際貿易公約》（名字太饒口，因此簡稱為CITES）。《瀕危野生動植物種國際貿易公約》和同年通過的

《瀕危物種法》，將會改變美國魚類及野生動物管理局和美國國家森林局職員的生活，遑論世界各地住在森林裡的人。

隨著工作逐漸全球化，美國魚類及野生動物管理局監督官目睹他們的業務經歷劇烈的改變。這些人的工作內容不再只需要搜索當地卡車車斗，看看是否有盜獵的鹿或偷釣起來的魚，還涉及起訴跨越美國邊境的大規模國際交易。格羅茲就成了他們的窗口，最後在一九七六年於維吉尼亞州的美國魚類及野生動物管理局總部擔任起瀕危物種官員。

格羅茲跟我說：「老實告訴你，我痛恨華府。」但是他已經踏上了自己稱為「朝聖之路」的仕途——那是一場曲折而漫長的旅程，直到執法與環境在某一點交會為止。他回憶道：「事情愈來愈糾纏不清，進口商找到愈來愈多方法和計畫，將非法的東西帶進國內。」格羅茲必須手忙腳亂地追趕不斷變化的犯罪心態與策略。

二〇〇八年，《雷斯法案》的內容擴大，非法採集與砍伐的植物與木材也包括在條文內。野生動植物官員習慣起訴發生在本地森林中的犯罪——他們擅長於辨認本地的植物與動物——然而卻不熟悉如何分辨各種不同的蘭花，或者是堆放在貨櫃深處加工成木板和木屋瓦的樹木。站在法庭的角度，這些植物和動物的殘骸成為魚類及野生動物管理局有史以來遭遇過最大的挑戰。突然間，他們面臨內容廣泛的科學調查，還需要具備國際貿易、生物學與犯罪調查等細節知識。倉庫裡堆滿他們扣押的戰利品，但沒人知道該怎麼處理。

同時，格羅茲也雇用一位名叫肯・高達（Ken Goddard）的前犯罪現場調查員，協助建立該領域人員訓練的方式。在高達最初的想像中，他以為未來的野生動植物法醫中心不過是個「小兔子和孔雀魚的實驗室」，確信格羅茲雇他來是因為自己的寫作技巧很棒：如果高達能以森林為場景寫出一系列驚悚小說——他的確寫出來了——那麼就一定能替沒有經驗的探員撰寫犯罪現場調查手冊。不過高達的職責很快就不只是撰寫手冊而已。

大約在格羅茲雇用高達的同時，魚類及野生動物管理局一位名叫湯姆・瑞利（Tom Reilly）的探員在波特蘭發表一場演講，講題是盜獵隼的交易。瑞利提到，沙烏地阿拉伯機場查扣了許多裝滿隼的木箱，但要在美國起訴任何出口隼的嫌犯還是很困難，沒有任何證據能證明這些隼來自何處。

勞夫・溫格（Ralph Wehinger）也在觀眾席中專心聽演講，他的家族已在阿什蘭市定居多年，在鎮上有著代代相傳的名聲。溫格是家族中第十七個整脊師，和伐木工人或漁夫一樣，這門手藝是習自於同為整脊師的祖先們。他在業餘時間倡導野生動植物保育，樂此不疲，後來設立了動物庇護所和鳥類復育中心。

在瑞利的演講結束後，溫格舉手發問：「你們怎麼不用ＤＮＡ判斷找到的鳥是不是盜獵來的？」

「我們還沒有實驗室。」瑞利回答。

溫格決心改變現狀。他知道就在阿什蘭郊外有個很合適的山谷地，於是對該州的議員進行遊說，籌措野生動植物鑑識實驗室的資金。溫格與國立奧杜邦協會（National Audubon Society）合作，順利取得所需的經費。最後國會批准了建造實驗室所需的一千萬美元，他們把這筆開銷藏在某個快速通過的不相干撥款法案中。

雖然知道國際野生動植物貿易的規模龐大，高達一開始還是以為這個實驗室會調查在樹林間寧靜山谷裡獨行的白尾鹿（whitetail deer）盜獵案，但結果發現根本不是這麼回事。高達雇用木材化學這門學問的先驅艾德・埃斯皮諾薩（Ed Espinoza）審查邊境單位扣押的進口木材，並送往實驗室。高達說：「起初看見這些（盜木）事件，我們非常震驚。後來我們開始聽到其他國家行政單位的故事，例如：一整個森林被砍光，還有整船的貨櫃都裝滿原木等等。在那時候我們還沒辦法辨別木材是否在鋸木廠被製成木板，因此我們必須想出些辦法。」

今天，鑑識實驗室擁有高達和他的團隊正努力以「標準物」來填滿的寬敞倉庫。標準物的意思是目前每種動物和植物在非法市場上交易的範例，團隊可以由此對比即將扣押的動植物。美國魚類及野生動物鑑識實驗室是全世界唯一能辨認由《瀕危野生動植物種國際貿易公約》列為受威脅物種的機構，這份公約還持續不斷在附錄中加入更多瀕危物種。（《瀕危野生動植物種國際貿易公約》將木材視為重要性與盜獵大象和犀牛同等的非法市場）。

送到鑑識實驗室的木材主要盜自非洲、南美洲、亞洲和東歐。例如：馬達加斯加島的玫瑰木，就是全世界非法交易狀況最猖獗的樹木。被稱作「流血樹」的玫瑰木常拿來製作吉他和其他弦樂器的獨特面板，特色是血紅色的木心。這個樹種已經成為《瀕危野生動植物種國際貿易公約》最關注的物種，因此也是奧勒岡鑑識實驗室的關注焦點。二〇一二年，吉普森吉他公司（Gibson Guitar）因購買用來製作指板的盜伐玫瑰木和烏木，被罰三十萬美元。已經成為具代表性樂器之一的玫瑰木樣本，最後到了奧勒岡的實驗室裡，由埃斯皮諾薩和他的研究團隊進行分析。沉香木也以木片或線香的形式進了實驗室，其深色的芳香樹脂散發出一種常見於人造香氣中的麝香和泥土味，炙手可熱，一公斤可要價至十萬美元。

現在，這間實驗室像迷宮一樣的房間裡堆滿極其精美的物品，例如：吉他、稀有小提琴琴栓和錶面。這些木材大部分是被政府單位送來此地，好比美國海關暨邊境保護局（US Customs and

Border Protection）美國國家森林局和美國魚類及野生動物管理局。雖然森林管理委員會（Forest Stewardship Council, FSC）等認證木材的機構，要求在木材交易時需提供產銷監管鏈（chain-of-custody, CoC）證明，然而人們卻常忽略或剽竊這一類文件。桃花心木、柏樹、柚木和山毛櫸，這些樹木全都遭盜伐，製成居家用品，運送至北美。如果運氣好，魚類及野生動物鑑識實驗室會在美國擋下這些非法物品，不讓它們流入市場。

替所有瀕危樹種制訂實驗室標準的艱鉅任務，是追隨著瑞典分類學家卡爾・林奈（Carl Linnaeus）的腳步，林奈在十八世紀晚期開始著手替這世界上的物種分門別類。人稱在科學家的身體裡住著一位詩人的林奈，希望在自然之美中尋找**理性**。他將物種之間的關係視為一種藝術的形式，因此努力繪製出複雜而色彩繽紛的植物圖畫，這些畫在英格蘭和北歐的博物學家之間流傳。林奈想展現給世人的是，植物在我們的世界中是如何彼此連結；他想將植物之美連結到人的世界。

林奈藉由秩序發現了這連結，制訂出我們現在所稱的二名法，科學界用他的方法決定植物、動物的物種和亞種之間的關係與分層。林奈創造出一種雖然難以發音，但雄心勃勃的拉丁文命名系統，將其列舉在卷帙浩繁的《自然系統》（*Systema Naturae*）叢書中。《自然系統》是印刷極其精美的一套書，有著裝飾華麗的草寫標籤和展現出數千種植物生理結構的手繪插圖。在《自然系統》中，賈西亞盜伐的紅木被歸類為「*Sequoia sempervirens*」。因此你可以在植物的分類階層中追溯它的位置：植物界，松柏門，松柏目和紅木屬。

林奈招募對自然史有興趣的年輕冒險家和商人，到世界各地收集植物樣本，然後送回他的辦公室。他們收集植物的方法不太符合道德規範：這些人往往從當地社區偷走植物，然後把偷來的植物塞進板條箱裡，用船偷渡回歐洲。這些植物必須在歐洲知識架構之下進行分類，因此其生態和文化背景——在地球上的目的——與在更大系統中的功能相比，就不那麼重要了。

《自然系統》一書可以作為當前保護環境戰役的工具。魚類及野生動物鑑識實驗室希望達成的目標是替成箱的蛇皮、烏龜肉和色彩繽紛又精美的異國鳥類，找到鐵證如山的來源地。這也引領了將這種確定性應用在一種新的採樣方式：蒐羅世界上所有瀕危樹種的化學資料庫。

埃斯皮諾薩建立了一種辨識樹木基因的開創性方式。他的上司高達解釋：「直到（最近），任何人都可以做到的分類，是屬和種之上的科。這是令人大開眼界的發現。艾德想出以即時直接分析（Direct Analysis in Real Time, DART）儀器觀察木頭裡的油這個方法……這麼做他差點把自己弄死了。」

埃斯皮諾薩和他的團隊用質譜法（mass spectrometry）辨認化合物。他們把在樹皮和木頭裡發現的油轉化成氣體，然後把氣體注入到大約和辦公室影印機差不多大的設備，也就是直接分析儀裡面。

技師用鑷子夾起一小片木頭，例如：木屑或刨下的樹皮薄片，拿到機器的連接點上，也就是兩個銀椎在最窄尖端接觸的地方。機器將被這兩端夾住的木片分析樣本，加熱到攝氏四百五十度，可以看得到木片的邊緣在悶燒，冒出蒸汽。

冒出的蒸汽被吸進機器裡，進行分子分析。最後，直接分析儀把最終的化合物數據傳到連接的電腦上，電腦經過處理後會將數據繪製成向量圖，呈現出每一個樹種的獨特模式，類似人類的指紋。

某次埃斯皮諾薩正在用直接分析儀分析一片玫瑰木的木片，突然間他頭暈目眩，並且開始覺得自己的視野變窄。他放下木片，蹣跚走開。玫瑰木含有天然殺蟲劑，原來是有一點玫瑰木的氣體從機器裡漏出來。高達說：「那就等於他的腦子當機了。」

有一天我造訪實驗室，看見一張桌子上擺著一副西洋棋，這副棋子正等著被削成片，送進機器裡，裝棋子的盒子拆開後也一樣處理。附近一面牆上掛著一張時髦的木製手錶照片，這樣的商品最近才在 Instagram 上販售。許多鐘錶在邊境被攔下來，經過判定是由非法木材製成。

埃斯皮諾薩已經向全世界的野生動植物交易專家展示他的工作成果。從護管員、海關人員，到保育專家，所有人一致表示：這項科技將改變遊戲規則。現在該實驗室搭配世界上最大的植物收藏庫進行分析。埃斯皮諾薩和小組裡的其他三名研究員，以直接分析儀檢測數量夠多的小木片，希望能藉此替《瀕危野生動植物種國際貿易公約》列出的所有樹木製造標準向量圖——最後計算出的數字約有九百個。基本上，他們已經將傳統的樹木博物館數位化。

——

許多最後被送到魚類及野生動物鑑識實驗室的木頭樣本，都是來自柴拉里亞（xylaria），這是曾經由世界上規模最大的一些植物園負責維護，或者收藏在檔案館裡的木材圖書館。柴拉里亞現在已很少見，往往乏人問津，放在儲藏室後面積灰塵，但在牽涉到盜木賊的案件中顯然很能派上用場，成為奧勒岡州正在開發的反盜木資料庫基礎。

某個春日，鑑定研究員凱迪・蘭開斯特（Cady Lancaster）領我進入正向四處擴張的阿什蘭實驗室建築群裡的一個邊間。牆邊擺著一排檔案櫃。蘭開斯特打開其中一個櫃子，抽屜裡塞滿文件夾，裡面裝著折起來的白色紙片，每張紙裡都有一片薄木片。

幾年前，任職於國家森林局的蘭開斯特主要負責全球盜木交易業務，她被交付一項任務，就是到世界各地去，冒險進入發霉的密室，或受到良好保護、光鮮亮麗的檔案室，從木塊樣本上削下小木片；這些木頭有許多都是數百年前的收藏。這項任務讓蘭開斯特周遊世界，讓她認識了檔案管理員和科學史家，他們幫忙找出熱帶和歐洲的樹木，以充實科瓦利斯收藏的樹木樣本。蘭開斯特說：「例如說，我們有許多樣本，都是來自一九〇三年世界博覽會的原始木塊。真的太酷了。」

蘭開斯特曾在華府的史密森尼學會（Smithsonian Institution）的裡屋中挖出書本大小的木板，也曾經從英國泰晤士河畔李奇蒙區的皇家植物園邱園（Kew）裡，拿了木片裝在白色信封裡帶回家。現在這些樣本以及無數其他樣本都在奧勒岡州歸檔，並且一步步將它們的秘密透露給直接分析儀。

第十九章　從秘魯到休士頓

「人們為了取得土地而來到這裡。」

——魯希勒・阿吉雷（Ruhiler Aguirre）

二〇一五年，貨輪「亞庫・卡爾帕」號（Yacu Kallpa）停靠在秘魯亞馬遜河畔的伊基多斯（Iquitos）附近，一批盜伐的木材閒置在船上。這艘船正準備沿著亞馬遜河進入大西洋，然後開往北邊的墨西哥城市坦皮科（Tampico），最後停靠在美國休士頓。貨輪上滿載著亞馬遜河流域的木材，目的地是美國的工廠；這些木材將會變成木板、牆板和門板。

像「亞庫・卡爾帕」號這類貨輪上的船員，他們的目的是即時結束旅程，不要遇到任何麻煩事。例如：在這次行程中，他們就希望盡可能低調，因為船上的貨物是從秘魯的羅雷托區

（Loreto）盜伐來的木材，用來證明這批木材的合法性及其來源的文件是假造的。

正當這艘貨輪往東朝大西洋駛去時，負責比對文件上木材來源的官員正深入當地，確認森林的所在位置，手上拿著GPS監視器檢查上面的座標。等到發現原始位置不對，證明這可能是盜伐的木材時，貨輪已經朝美國岸邊前進。

根據環境調查協會（Environmental Investigation Agency，這是環保組織綠色和平負責進行調查的分部）的某份調查指出，把木頭運上「亞庫・卡爾帕」號的木材商，其砍伐的木材來自國家公園和原住民特許森林。環境調查協會辦事是出了名的仔細、徹底且成功。由於國際貿易規模龐大，要攔截非法木材就必須在海關攔截，以免走私木材有流入市場的機會。這一點非常困難，因為官員必須試圖辨認大型貨櫃裡的木材種類。由於把盜伐木材藏在合法木材的情形並不罕見，也不可能有哪個海關官員有閒情逸致檢查一艘貨船上的上百片木板。因此官員必須仰賴良好的知識，以便得知該留心什麼、從哪裡找，以及找哪批貨。環境調查協會能提供這樣的知識，而貨船上的木材最後往往會送進埃斯皮諾薩的實驗室裡。

環境調查協會調查過最高級別的有組織犯罪盜木案。某次他們提出證明，一組據說可以防範恐怖分子、而且原本打算裝在國會山莊裡的全新桃花心木門，就有宏都拉斯的一間公司提出質疑，認為製作這批門的桃花心木來自聯合國教科文組織指定的世界遺產地點。於是這筆大門的訂單很快就被取消。

環境調查協會掌管某些近年來國際上最重要的木材相關案件。二〇一三年，臥底的環境調查協會偵探證明，美國的木材清倉拍賣公司（Lumber Liquidators）知道他們採購的硬木地板是盜伐自俄國瀕危西伯利亞虎的棲地。環境調查協會團隊的工作範圍，從南美到羅馬尼亞的森林無所不包，也與國際刑警組織和國際執法單位聯手，揭露跨國木材貿易。該協會的研究指出，以玫瑰木為例，自二〇一二年以來就有五十四萬噸的非法交易量，這重量等於六百萬顆樹。在二〇一五年針對來自秘魯的進口木材研究中提到，這些木材有百分之九十被判定為非法盜伐的木材。

在「亞庫・卡爾帕」號的案子中，環境調查協會派出一名調查員徒步深入秘魯雨林，檢查貨輪文件上聲稱的伐木地點。在辛辛苦苦走了五天之後，調查員抵達該處，發現那裡的森林根本沒有被砍伐。這批預計要送到拉斯維加斯的全球合板與木材公司（Global Plywood & Lumber）的木材來自別處，也就是不應該砍伐的地方。

雖然在停靠美國之前，「亞庫・卡爾帕」號把懸掛著的登記國國旗換了好幾次，美國邊境巡邏隊聯絡網早已接到警報，說這艘貨輪可能載著非法盜伐與運送的木材。「亞庫・卡爾帕」號在休士頓靠岸時，邊境巡邏隊探員已經等著將其繩之以法。

邊境巡邏隊知道他們要有辦法確認扣押的木材其實是盜伐而來的。為此他們找上在奧勒岡的埃斯皮諾薩與他的團隊。

——

從空中鳥瞰，亞馬遜雨林是一片蓬鬆的綠地毯，在飛機降落在停機坪、一股熱浪向你襲來之前，你只看得見樹冠頂部。秘魯東南方的城市馬爾多納多港（Puerto Maldonado）是馬德雷德迪奧斯大區（Madre de Dios）的經濟中心，市郊有許多小鋸木廠。成堆的原木和木材排在路邊，從機場坐車進到城裡，路上又吵又熱，外面不時傳來電鋸聲和幾縷煙霧。

沿著秘魯和巴西邊境的繁忙木材貿易在這座城市各處欣欣向榮。馬德雷德迪奧斯大區與玻利維亞和巴西接壤，秘魯和巴西之間的跨洋公路（Interoceanic Highway）在穿越亞馬遜雨林之後進入秘魯。大規模森林砍伐使得公路得以建造；今天來自世界上某些最富饒土地的人與貨物都在這條公路上來來往往。

茵菲諾部落（Infierno）位於馬爾多納多港東南方，車程一小時左右的地方，碎石子路上方拉著一幅彩虹旗歡迎來訪遊客。這地方之所以叫作茵菲諾，不只是此處被雨林包圍，悶熱難當，也因為在與傳教士接觸後發生流感大流行。茵菲諾部落的社區負責人魯希勒・阿吉雷（Ruhiler

Aguirre）在鎮民代表會的會議室裡說：「他們身體發熱，所以跳進河裡。」但許多人一碰到冷水就休克而死；由於死亡人數過多，河裡漂浮著許多屍體，於是傳教士稱這地方為「地獄」。①「傳教士說，**哇，這真是地獄的景象。**」

秘魯的土地是在特許權制度管理之下。就像美國的國家森林局和國家公園管理局，以及政府其他保育當局一樣，秘魯的每一種特許權——生態旅遊、林業和保育——都各有其不同的目標。許多保育和生態旅遊特許權都歸還給原住民，讓他們作為傳統領地加以管理。茵菲諾部落管理的保育特許地只包括住在坦博帕塔河（Rio Tambopata）下游的埃塞亞人（Ese'eja）不到一萬五千英畝的傳統領地，該部落的部分資金來自聯邦政府每年提供的六萬秘魯索爾（一萬五千美元）津貼，用於社會援助、教育、退休和醫療衛生費用。

為拜訪保育特許地，我、阿吉雷和記者米爾頓・羅佩茲・塔拉博基亞（Milton Lopez Tarabochia）在霧氣瀰漫、灰濛濛的四月早晨，由三名駕駛玻璃纖維船的嚮導載我們從坦博帕塔河順流而下。約一小時之後，搭船之旅變成林中健行，經過一個森林護管員的小屋後我們又上了另

①譯注：Infierno為西班牙文的「地獄」。

一艘船，跨越一座湖。湖岸建了個小屋，供輪值的護管員居住。這個小屋（以及鄰近地區其他類似小屋）有著茅草屋頂和堆疊了躺椅與瓦斯罐的寬闊露臺，是一種保護森林的形式：茵菲諾的特許地已經成為盜木賊的目標。從二〇一七年到二〇一八年，該特許地裡一些最高的樹都已被盜，在現場砍倒後就製成合板與木板，再送到城市的市場裡。

緩緩滑著船越過三欽巴達湖（Tres Chimbadas Lake）時，我們看見鱷魚、水獺和你所能想像顏色最為鮮豔的鳥類。就在我們放慢速度，轉向岸邊一叢粗糙的亮綠色樹葉時，就看見樹葉間閃過一抹紅棕色。駕駛靠岸後，顏色的來源才變得明顯：大批處理過的木材堆在岸邊。有人把這些木材放在那裡，方便運送到馬爾多納多港。阿吉雷說：「即使用上全部設備，這些人也藏不住木材。這只是個開端。」

我們經過這堆木頭，像踩露臺階梯那樣下了船，步行六英里進入叢林，狹窄的小徑上覆蓋著粗大的根和上方高聳樹木掉落下來的葉子。沿著小徑上的盜木活動一目了然。從森林中開闢出這條小徑的人不是茵菲諾部落居民，或森林護管員，而是為了來回將木材移動到運送點的盜木賊。

特許地長滿熱帶生長的香椿、桃花心木和一種叫秘魯香脂（estoraque）的硬木。但盜木賊最大的目標是鐵木，因為是製作拼花地板不可或缺的木材。一塊一英尺長的鐵木要價三索爾，一整棵樹可以賣到三千索爾（七百七十五美元）。這種木材往往出口到亞洲製造，然後再賣到歐洲和北美。但是矗立在家鄉秘魯森林裡的鐵木林，是許多動物與植物的棲地，枝頭上住著金剛鸚鵡和角鵰這幾種亞馬遜叢林裡最大的猛禽。我們去看過的每一個盜木地點都會鎖定席瓦瓦科（shihuahuaco），這是亞馬遜雨林區最高的樹。二〇一八年，專家預計盜伐席瓦瓦科的行為將在十年內使這些樹毀滅。光是那一年就有十四萬一千立方英尺的席瓦瓦科遭盜伐。特許地在二〇一五年有五十二棵席瓦瓦科，但到了二〇一八年只剩下四十一顆。

經過一棵席瓦瓦科時，我們盡可能伸長了脖子，但仍然看不見樹冠。大多數席瓦瓦科在樹齡一千年時長到最高。這種樹的價值在於硬度高，而且和桃花心木類似，都是茵菲諾部落的埃塞亞人的傳統藥物與食物。同時也是埃塞亞人的祖先曾經穿越的土地上的關鍵物種（anchor species），[2]是一處到另一處之間的休息地點。席瓦瓦科已經逐漸成為南美盜木賊最喜歡的目標之一。我們走在叢林小徑時，阿吉雷一邊數著：「一、二、三、四，四棵鐵木被砍倒了。」

我們越過的第一個盜木地點被人用樹枝遮蓋住。樹樁上放著乾掉的棕色樹葉，那裡曾經是高聳的席瓦瓦科。樹樁前面的一片空地清了出來，方便將樹打包，用小型電動推車在路上運送。

---

②譯注：指對群聚結構具有重大影響力的物種。

往特許地深處走去，我們發現另一塊占地更大的空地，堆放著鋸好的長方形木塊，上面鋪著一層鋸木屑。這些木材堆放的方式，彷彿是通往圓形露天劇場的階梯，展示樹木曾經生長的地方，然後就在這裡被切成木塊、塑形與打磨。

對於在指定保育特許地上什麼該做、什麼不該做，政府有嚴格的規範，這代表茵菲諾這樣的小聚落必須肩負起不可能的任務，監管大片茂密土地。如果有樹木從部落的土地上消失，他們就必須承擔責任。阿吉雷站在一堆木材上說：「基本上，如果我們失去一英尺，都會是問題——是我的問題，因為樹林由我們管控。我們照顧這片樹林，因此這過程會持續下去。」

他接著往下說：「人們來到我們的土地上，從事各種不同的活動。目前正有一家人定居（在）特許地上。他們占了一塊地，然後砍樹。在英文裡，這些人叫作『占地者』（squatter）。」

在整個亞馬遜叢林，占地者都是個問題。在秘魯、巴西和玻利維亞有太多經濟遷徙的狀況，許多人到了一個地方就住下來開始新生活，但沒有取得地主的允許。跨洋公路經過茵菲諾部落邊緣的保育特許地，因此很難防止小型聚落在那裡的樹林中冒出來。這條高速公路切穿那裡原始的生物多樣性地區，好讓大卡車運送資源到港口，同時也開放了世界貿易與就業機會。

馬爾多納多港是移民中心，該城市每天會迎接三百位新居民。再加上來自秘魯安第斯山脈的移居者湧入該國南部工作，表示像馬德雷德迪奧斯大區這些地方，現在都擠滿討生活的人，他們尋找任何能付帳單的工作，以及找地方住下來。在馬爾多納多港的街道上，每天早晨都有男人排隊等著被選去做以日計酬的伐木工。被雇用後，就有人送他們到某個地方去非法砍樹。

阿吉雷說：「能賺錢的方法就是非法的方法，永遠是如此。這是文化問題，人們認為他們可以遷移到某個土地上取走樹木，因為那是他們需要的。」他估計被盜伐的十一棵席瓦瓦科（總面積約為三萬板英尺）價值在一萬索爾左右（兩千六百美元）。

茵菲諾的森林護管員有時會把占地者在特許地上的建物和物品移走，但這麼做沒辦法趕走他們太久。護管員對盜木感到挫折與憤怒，然而對遷徙一事也同樣無能為力。他們談到有太多人從秘魯北邊來找工作，但這些伐木工人不可能知道自己在做非法工作。

護管員有時會聽到湖對岸的特許地上有盜伐的聲音，聆聽鏈鋸和機器在黑暗中嗡嗡作響。某次，有個茵菲諾部落的人前去找盜木的一家人，但害怕自己生命受到威脅。

這種狀況和紅木森林中的護管員所面對的挑戰十分類似。阿吉雷說：「如果你沒有在（他們）進行那項活動的地方找到他們，（你）就什麼也不能做。因此我們必須在伐木時找到那些人。」但這很困難，護管員必須搭船才能前往特許地，而且在森林裡也沒有手機訊號。為了將盜木賊鎖定在盜木地點，他們必須擬定精密的計畫。

二〇一八年三月，阿吉雷和茵菲諾鎮民代表會開始準備必要的文書工作和接洽合作對象，以便在下一次森林護管員聽見樹林裡的鏈鋸啟動聲時，可以採取行動。阿吉雷解釋道：「我們以整個聚落為單位進行團隊合作。」他們預先安排馬爾多納多港的警察待命；整個馬德雷德迪奧斯地區只有配置六名「環境警察」，但卻需要巡邏數千英畝茂密的叢林，盜木也不是該部門唯一要煩惱的環境犯罪：亞馬遜雨林遭到大規模砍伐，替非法挖礦、開採石油與天然氣，以及種植古柯鹼等毒品作物開了方便之門。

茵菲諾也請一名電視臺記者在警察接到呼叫時，隨同前往特許地，希望透過新聞播報能讓大眾看見電視畫面後義憤填膺，以便打壓當地鋸木廠的盜木市場。

接著，森林護管員在樹上裝設聲控警報器，並接受訓練來使用GPS定位盜木地點。他們會把警報器藏在整個區域好幾棵席瓦瓦科的葉子裡。只要鏈鋸聲一響起，森林護管員就會接到警報訊息，警告阿吉雷快點回茵菲諾；接著，他將知會環境警察與電視記者，希望能即時召集他們來到啟動警報的樹木，進行拍攝並且阻止破壞行為。

二〇一八年某個春日，鏈鋸聲劃破寧靜的夜晚，團隊蓄勢待發。護管員傳簡訊給阿吉雷，後者坐上船開往下游，來到了護管員的駐紮地點，在這裡與警察和記者會合。一行人靜悄悄地過了湖停在岸邊，穿過樹林，接近盜木賊。

這幫盜木賊特別勤奮，已經把木材弄到在森林中臨時搭建的鋸木場，警察在那裡逮到他們，控告他們非法伐木。這個案子成為轟動馬爾多納多港司法系統的戲劇性事件。

在逮捕行動的兩個月之後，我和阿吉雷前往特許地，最後停留在那個臨時鋸木場。那裡還保持著原樣，在森林空地上散落著鋸子和鏈鋸，此外現場還留有伐木工人的物品，證明他們曾經待在這裡：一件撕破的T恤留在一張桌子上，還有一盒肥皂和一個空錫罐。

阿吉雷擔心占地者仍舊把盜伐的木材，賣給馬爾多納多港的鋸木廠。同時，處理過的木材被棄置在森林裡，任其腐敗，回歸大地；埃塞亞人的任務之一是盡可能保留森林的原貌。森林護管員時常前去巡邏，以確保森林的完好。

——

占地者在茵菲諾部落的土地上紮營，這件事不由得使我感到困惑，那就像是我人在加拿大英屬哥倫比亞省納奈莫，跟隨著自然資源官克拉克時，曾經看到過的那些殘留在現場的帳篷。秘魯的情形和加拿大一樣，兩邊的營地裡都住著那些沒有其他選擇的人，他們的所作所為雖然讓人厭惡，卻又不得不如此。在這兩邊的森林裡，當地人也都任由強大的經濟浪潮擺布，之所以從事伐木工作既是出於和森林的連結，也是因為沒有能力做其他事，只能從受保護的土地上砍下一棵樹來餬口。

在盜木賊小徑上度過的一天，最後在雲端結束。阿吉雷和我爬上陡峭的階梯，來到森林深處的亞馬遜叢林旅社（Posada Amazonas lodge），在情勢複雜的叢林裡，這宛如一個綠洲。我們坐在潔淨無比的餐廳裡飲用新鮮果汁，一陣微風吹動周圍薄如紙片的窗簾。茵菲諾部落的埃塞亞人擁有的這個度假中心，是以太陽能來發電，有著頗具特色的空中露臺，從頂棚瞭望臺可以俯瞰大片綠色地毯在微風中搖擺。這才是阿吉雷想讓埃塞亞人土地發揮的功用：他希望凸顯這塊土地的榮耀，歡迎人們前來，向他們展示一些會在河岸邊飛翔或棲息在海蝕岸上、世界上最鮮豔的鳥兒，以及指給他們看哪裡有蛇與蜘蛛，然後看著那些人驚訝的反應哈哈大笑。

最後，阿吉雷說，茵菲諾將會順利發展。「我們推動保育，推動觀光。我們把文化保留在這些事情裡。」

第二十章 「我們信任樹木」

「森林是我們的藥局，也是我們的市場。」

——荷西・朱曼加（Jose Jumanga）

秘魯最活絡的木材區是烏卡亞利大區（Ucayali）。這裡的河港城市普卡爾帕（Pucallpa）將世界上數一數二的大樹運往全球各地的製造商。該城市濱臨烏卡亞利河（Rio Ucayali）的水岸邊，擁有販賣水果、活生生的動物和居家用品的繁忙市場，而兩岸停泊的大小船隻吐出黑色的廢氣。在城市邊界之外，小村莊與聚落沿河而建，這條河是亞馬遜叢林與外界的運輸媒介。

普卡爾帕周邊約有三百個原住民社區，散落在烏卡亞利河兩岸，並且延伸至內陸的亞馬遜盆地。然而原住民只管理烏卡亞利大區百分之二十五的土地；秘魯政府把剩下的森林交給私人伐木公司。烏卡亞利大區森林聚落裡的特許林地遭到大肆破壞的程度，與茵菲諾部落類似。盜木賊將那裡遠離聚落中心的一個個地區砍伐殆盡，然後焚燒土地來作為農業用地。

亞馬遜河上游自然保護區（Upper Amazon Conservancy）研究員保羅・瓦斯奎茲（Paul Vasquez）花時間與亞馬遜森林聚落居民共度時光，他在原住民土地上擔任木材監測員。許多伐木公司為了讓他失業而進行遊說；因為這份工作，他和家人的生命都曾而遭人威脅。一次在瓦斯奎茲辦公室的會面中，他告訴我：「有一天有個人從一輛車上走出來，威脅我太太，所以事情很複雜。」

瓦斯奎茲對於發生在這地區的人為毀林情形瞭若指掌。在野外，他時常偶然發現準備賣給出口商或製造商的樹幹和木塊。他說當地聚落需要更多資金挹注，才能管理他們的土地，不被貪婪的公司侵害。估計許多資金將用在購買無人機和GPS等簡單的科技解決方案上。

當滿載的水上計程車從普卡爾帕出發，把城裡的乾貨和人往城外送的同時，還有另一種來自雨林本身的維生方式，如同橘園聚落（Comunidad El Naranjal）的負責人荷西・朱曼加所說：「我

們信任樹木，保護我們的不是植物本身，而是植物內在的生命。這是森林的精髓所在，它照顧著我們。基於這個理由，我們保護森林。這麼做是為了森林內在的生命。」

橘園在一九九〇年代首次追蹤到的盜木活動，是該區遷移人口漸增的漣漪效應。在秘魯北方各區域發生經濟危機之後，遷往烏卡亞利的人數大增，部分原因是這片土地非常適宜耕種。在橘園以外，這種情形帶來森林的砍伐，將土地開墾為牧場和農場。人們不只種植糧食和棕櫚油製品，也種植製作古柯鹼的植物；此外，還建造了一條小的飛機跑道，以便從橘園聚落的森林深處運送非法古柯鹼。

在二〇〇〇年，橘園聚落取得了一個GPS系統（普卡爾帕周遭約有百分之十的原住民社區得到GPS系統，以便監控負責維護的土地）。橘園打算以數位化方式繪製聚落的邊界圖，不過GPS系統也顯示出土地上哪塊地方未經同意，卻遭到砍伐。橘園的護管員估計，自從一九九〇年代以來，總共約有九千英畝林地未經他們授權，而被砍伐殆盡。有一群和某宗教運動有關的人肆無忌憚地在樹林裡建立起一整個社區；他們在社區周圍豎立起標誌，歡迎遊客前來該教派非法占用的這塊橘園土地。

只有兩名護管員負責巡邏橘園的保育特許地，而且是以步行的方式巡邏。這些人往往是志工，他們不僅必須和毒販面對面，還有那些把鹿與小豬拿到非法市場上販賣的盜獵者。某次走訪橘園聚落的郊外，我看著長滿席瓦瓦科（和其他鐵木）、桃花心木和奧寇梯樹（ishpingo）的茂密樹林，被開闊的綿延綠地取代。朱曼加說：「森林是我們的藥局，也是我們的市場，（我們從這地方）取用木材，但是為了（建造）房屋，不是拿去賣。隨著毀林，所有資源都逐漸減少。」

曾經生長在橘園管轄區的馬德拉樹（madera），最後都變成房子的外裝；桃花心木被砍下來當染料；之前的林地現在成為牧草地。從村莊的制高點，朱曼加時常聽到鏈鋸的聲音，或看到一縷縷的煙從森林裡升起。

森林被砍光之後，如果沒有燒掉樹木，盜伐的原木就會被送往普卡爾帕，附上假文件後出口。朱曼加和瓦斯奎茲等木材調查員估計，現在從他們的土地盜走的樹木中，只有百分之四十被送到普卡爾帕，已經比一九九〇年代將近百分之九十的數字來得大幅減少。儘管如此，他們無法阻止掠奪行徑，面臨的挑戰也沒有改變：逮捕盜木現行犯的可能性始終很小；人們恐懼接近和阻止盜木賊；永無止境的市場需求，總是讓盜木賊敢於冒此風險。

二〇一八年初，烏卡亞利大區的非營利行動團體「秘魯跨族群雨林發展協會區域組織」（Organización Regional de AIDESEP, ORAU）贈與橘園社區一個監視無人機，好讓他們追蹤一百五十萬英里特許地上各角落的伐木活動，因為森林護管員到不了如此廣大的地區。飛在樹冠上方的無人機——有時樹冠減少，就會露出棕色光禿禿的土地——開啟了一個途徑，讓社區看到他們土地哪一部分的樹木特別容易遭人盜伐。

無人機拍攝的影像提供確實的證據，然而橘園提出的盜木報告卻得不到政府的回應。雖然我和朱曼加身旁吹著煦煦和風，但在我們共處的整個下午，他的語調卻愈來愈急迫，並簡短地說：

「我們很擔心。」

第二十一章　森林碳匯

「森林代表生命。」

——荷西・朱曼加

生長在橘園社區之外的那片森林和茵菲諾聚落特許地裡的樹木，還有北美國家公園裡的老熟林，都面臨以下全球性的危機：環境的危機是我們在有生之年裡，將失去世界上百分之二十的物種；社會與經濟的危機則是生活在被剝削環境中的邊緣化人民，只能勉強維持生計。盜木存在於這些挑戰的交會點上。

森林是對抗氣候變遷最大的保護者之一。森林持續遭到破壞，加快了全球暖化、生物多樣性的喪失，以及物種滅絕的速度。每一年森林能從大氣層中吸收全世界大約三分之一的人為碳排放量，這是美國碳排放量的一・五倍。至於大樹（樹幹直徑超過二十一英寸的樹）抑制氣候變遷的力量特別強大，因為它們的根、樹皮和樹冠已經生長完全，比起還在生長中的年輕樹木能吸收更多的碳。二〇一八年的一項研究發現，那些世界上直徑最大的樹木所吸收的碳，是全球森林儲存碳量的一半。因此砍伐老熟林，就等於剝奪了老熟林吸收二氧化碳、並不定期儲藏起來的全球「碳匯」。如此對於環境造成的雙重打擊，就導致了碳不平衡的狀況，而工業碳排放只會雪上加霜。

原生的紅木、雪松和道格拉斯冷杉都是碳匯中的佼佼者。例如：在溫哥華島西岸的樹木，儲存的碳量在世界上數一數二。不只是樹冠扮演碳儲存的關鍵角色，樹木周圍的林地也是如此。國家森林局的研究顯示，腐爛的樹木和樹枝是森林中的養分循環及碳儲存的必要組成。老熟林生命力也很強大，更耐得住森林大火，其緊密潮濕的生態系統同樣更能抵禦會讓其他地方的樹木枯死的熱氣。

但如果要說北美或歐洲的樹木對氣候的影響力和靠近赤道的樹木相同，卻很不明智。熱帶樹木是對抗氣候變遷的主力之一。亞馬遜雨林的樹種多達一萬六千種，是北美的十六倍，同時也持續在這裡發現新的樹種。這些樹木每年吸收一千兩百萬公噸的碳、提供瀕危野生動物不可或缺的棲地，也造就了供養數百萬人的糧食生產系統。

我們可以從這些森林覆蓋區中，找到與數世紀前在北美發生的行動相呼應的故事。在今天的亞馬遜雨林中，大企業一直盡可能地砍樹；根據某些人的說法，每分鐘遭砍伐的雨林面積相當於一個足球場。正如太平洋西北地區的情形，過度砍伐樹木所提供的機會限制了當地經濟。木材利潤帶來的承諾與危險，已經使這些社區陷入不穩定的狀態，包括為了自由進出原住民土地，有計畫地威脅、遷移，有時候甚至是殺害聚落的人們。但根據報紙的報導，巴西總統雅伊爾・博索納羅（**Jair Bolsonaro**，稱自己是「鏈鋸隊長」）斷然制止環保組織的抗議：「這片土地是我們的，不是你們的。」他的下一任總統路易斯・伊納西奧・魯拉・達席爾瓦（**Luiz Inácio Lula da Silva**）則是發表極端反殖民主義情緒的言論：「我不要任何英國佬或美國佬來命令我們，然後讓亞馬遜的居民餓死在樹下。」

到了二〇二一年夏天，遭受大規模破壞的亞馬遜雨林開始釋放出比儲藏量更多的碳。雨林生長在廣闊的泥炭地上，當人類破壞雨林，準備來改造為農地時，累積千年以上的二氧化碳就會釋放到大氣層中。印尼的泥炭地目前釋放出的二氧化碳比加州還多。在南美洲，環保組織進行的衛星研究證實他們最深的恐懼：伐木活動已經深入亞馬遜盆地「未受破壞的核心」，到達巴西內部的原住民保留區。

理論上，溫度升高使樹木的新陳代謝變快，因而會讓樹木更快吸收碳。然而科學家發現，溫暖的氣溫也會導致樹木呼吸的速度，也就是釋放碳的速度太快，以致於無法配合其光合作用的速度。如果溫度升得太高，樹木的分子就會遭到破壞。氣候改變也會造成林地極度乾燥，森林環境愈來愈溫暖。這將導致（人為或閃電引起的）森林大火蔓延速度比過去更快、範圍更廣，難以控制或撲滅。其淨效應是對老熟林存在的威脅：紅木為了存活，可能會被迫生長出比在正常情況下更多的樹瘤。

氣候變遷也阻礙道格拉斯冷杉這類樹木的生長，會在過高的溫度下停止活動，不再吸收碳。國家森林局的遺傳學家暨分子生物學家克隆，在二〇二一年夏天一波熱浪席捲西方世界時說道：「如果樹木不再儲存碳，我們就必須去想，**該如何重新調整？**它逼得我們重新調整。」

作為因應，現在森林專家公開討論著某種程度上可以說是植物學上的「霍布森選擇」：[1]哪些樹種，以及哪些生態系統，值得我們拯救？

---

①譯注：十七世紀英國劍橋有個叫霍布森的馬商，他宣稱以低價販賣馬廄中的馬，而且讓顧客隨意挑選喜歡的馬匹。然而馬廄只有一個小門，高壯的馬都牽不出去，因此顧客只能買矮小瘦弱的馬。這就是後人所稱的「霍布森選擇」（Hobson's choice），意指沒有選擇餘地的假選擇。

為警告茵菲諾聚落有鏈鋸在其特許地上震動所發出的嗶嗶聲，現在在南美各地與亞洲也聽得見。各地的雨林聚落都採用這種方式保護雨林，對抗盜木賊。

最近幾年，其他新科技也逐漸發展，往往是由雨林聯盟（Rainforest Alliance）等非政府組織提供資金（這些系統有時甚至是由木材和棕櫚油公司提供金援，因為這些公司希望能獲得供應商的準確採購訊息來源）。例如：改善雷達技術，就能更容易穿透濃密雲層，擷取雨林樹冠的影像。雷達技術與衛星影像的結合，對雨林的監測就能更一致，傳送出更多警戒與警告。高解析度的影像更能鎖定單一樹木，因而能將森林一部分控制權，交還給那些土地上有著代表性高大原生樹木的較小聚落。

在阿什蘭的魚類及野生動物鑑識實驗室裡，我和蘭開斯特一起坐在一個看起來像是大掃描器的機器前面。實驗室開始嘗試藉由螢光進行識別。在亮晃晃的陽光下，許多樹種的樹皮和木頭看起來幾乎都一模一樣；然而在螢光下，它們卻變成發出霓虹燈亮光的染色體。每一個樹種在紫外線燈光下都呈現出像指紋一樣的特殊螢光圖案。在顯微鏡下觀察的時候，這螢光會發光，刻印在樹皮脊線[2]和年輪上，在樹幹各處以圓形和其他圖案流動。有時候會出現漸層效果，顯示木材結構的變化。

蘭開斯特在紫外線燈光下滑動一塊刺槐的橫切面：這塊樣本的外緣還覆蓋著樹皮，一些地方有被斧頭砍過的切口。天然螢光立刻亮了起來，亮黃色和亮綠色沿著樹皮脊線和年輪周圍交織在一起。蘭開斯特將影像放大，新的顏色出現在木材的管孔上③——在木質的畫布上顯現微小的點和線。螢光辨識確實可說是一種藝術形式，顯示出隱藏在我們周遭、令人驚訝的美（為了證明這一點，蘭開斯特還用她最喜歡的螢光圖案做成明信片）。

我在二〇一九年造訪阿什蘭的實驗室時，埃斯皮諾薩也在思考美感與樹木的交集何在。自從在 YouTube 上看到某個人用唱機播放一片紅木（讓每一個年輪的溝槽以變形的音景〔Soundscape〕呈現）之後，埃斯皮諾薩就一心想傳達樹的聲音。但是他覺得影片上的技巧不太對：樹的聲音是否真的來自年輪？

在那之後，埃斯皮諾薩離聽到樹木的聲音愈來愈接近。二〇一九年，南奧勒岡州立大學數位

---

②譯注：樹枝和樹幹的連接處，因木質部的生長受到擠壓而突起的部分，稱作「樹皮脊線」（ridges of bark）。
③譯注：管孔（pore）是闊葉木的導管在橫切面上呈現出的孔洞。

藝術教授大衛・畢塞爾（David Bithell）向埃斯皮諾提出一個很有意思的建議：如果埃斯皮諾薩將一棵被盜樹木的資料給他，他的學生就能把資料輸進電腦，輸出電子音樂。

在一個清爽的秋日黃昏，埃斯皮諾薩和蘭開斯特來到畢塞爾教授的音樂課，課堂上他們已經用鑑識實驗室提供的一些樹種檔案來挖掘數據。正如南奧勒岡州立大學學生製作的軟體所詮釋的，這些數據製造出一陣混和了低沉、輕輕敲擊、不斷重複又具催眠效果的聲音，每一種樹都發出各自的震動頻率。埃斯皮諾薩靠在折疊椅上，手指交叉放在腦後，聆聽他的樹活過來的聲音。

儘管有許多先進的科技，護管員依舊是阻止盜木的主要方式。護管員制度是北美自然資源保育的產物，如今已經傳到海外，在世界各地建立起來。就在盜木已成為一項利潤豐厚的全球貿易時，軍事風格的護管員制度也已經迅速興起，與之抗衡：現在盜木活動要面對愈來愈多武裝護管員、深植地方的情報網，以及加強巡邏的保育區等方式的反擊。非洲與亞洲的保育區因為承受著要保護世界上一些最受威脅瀕危物種的強大壓力，都已經採用這「碉堡」[4]的保育模式，包括利用武裝警衛保護泰國的交趾黃檀，或是公園管理員監控所剩無幾的犀牛和大象。

愛爾蘭保育人士羅力・楊（Rory Young）[1]在二〇一四年出版了一本具代表性的《反盜木活動現場手冊》（*Field Manual for Anti-Poaching Activities*），這是可供全世界現場護管員參考的少數手冊之一。在這本手冊中，他宣稱盜木是一項複雜的犯罪，「必須放在文化脈絡中理解」。無論是為了取得樹瘤而劈砍紅木，或是為了取得象牙而屠殺大象，楊懇請讀者試著去了解盜木賊所在的社區，藉此作為停止盜木的方法。他寫道，預防樹木遭盜伐的方式也包括「解決鼓勵盜木的社會經濟因素」。

楊特別以古代英格蘭的樹林為例來佐證他的論點，諾丁罕郡長的致命錯誤，就是在於讓羅賓漢在聚落裡生根：「（羅賓漢）最大的資產就是人民的支持。」雖然郡長和他手下的官員握有權力，羅賓漢和他那幫綠林好漢總是會贏。楊指出：「這是一再犯下的典型錯誤，無論派出多少武器和裝備精良且擁有戰鬥技巧的人員，如果他們找不到盜木賊，那也只是浪費時間、精力和金錢。」

---

④譯注：「碉堡」（fortress）保育模式的理念，是建立起隔絕人為干擾的保護區，使生態系統得以發揮功用，這才是保護生物多樣性最好的方式。

楊避免預告將會出現解決盜木問題的新科技。以步行橫越森林追蹤盜木賊，可能和遠端感應設備一樣有效率，而且不會有什麼「神奇武器」來結束盜木問題。相反地，楊寫道，最有可能勸阻盜木活動的就是擁有該地區的深厚知識：「認識你的敵人！」

——

回到加州的奧里克，「以護管員扮演警察角色」的策略引發人民強烈的憎恨。有鑒於西方世界保育體制的結構——讓大片的自然環境無人居住、將自然與人類隔絕開來——導致森林缺乏了能夠勸阻盜木賊的在地保衛者。正好相反，這裡有的只有警察。前「花生護衛隊」的司機弗利克認為如果國家公園趕走那些「掏槍的人」，這個鎮的問題就會少一點。

「不法之徒」激動地公開表示國家公園管理局以不公不義的方式管理奧里克鎮，以及他們為何覺得受到監視、評判和攻擊。切里希・古菲站在庫克的前院說：「他們一天到晚騷擾人民，叫人靠邊停車。」

「他們只想把那些鳥事怪到我們頭上。」泰瑞・庫克加了這句話。

許多這一類言論都可以當作是被告的預期情緒而置之不理。然而，有些言論卻源自公允的批評——護管員往往鎖定有被捕紀錄的人開始調查，無論他們有沒有理由如此。不過，憤怒會迅速轉移，泰瑞・庫克說：「他們可不希望我變成他們的敵人。他們一棵樹也留不住……我那裡有把鋸子，可以砍光他們全部的樹。」

第二十二章　僵局

「但我也加了這句：我早就退休了。」

——德瑞克・休斯

「不法之徒」成員間破碎的友誼永遠在變動。這圈子很小，而且圈內人一直處在懷疑和偏執的情緒中。忠誠是任何關係的首要目標。國家公園找出線民，要他們以線索交換撤銷較小違法事件的告訴，這種做法無寧是替這樣的情緒火上加油。友誼和結盟關係往往會迅速改變，他們不停辱罵彼此。某天有人說克里斯・古菲和泰瑞・庫克住在一起。下一次我去的時候，庫克已經不歡迎古菲去他家。

我最後一次和克里斯・古菲通電話時，他來回踱步，情緒激動。他最近在懷俄明州的鑽油平臺工作，但在我們談話時已無家可歸。那天下午，他在加州海邊小鎮千里達的一間屋子裡說道：「當然我們大家都還是一直在工作，為了賺我們的那筆錢，不是只出去接受別人的施捨或什麼的。但是每當我們想要出去賺點錢給家人，就會被罰，丟進牢裡什麼的。」克里斯・古菲認為自己是國家公園裡所發生所有型態犯罪的代罪羔羊，懷疑有許多人被護管員在路邊攔下時，提供有關他的情報。他說：「如果你供出克里斯・古菲，就會讓你無罪釋放。」從那次交談之後，我和克里斯・古菲的聯繫就斷斷續續，從二〇二〇年春天開始我就沒有他的消息。在他缺席某一場盜木案的出席日之後，法庭就在該年七月發出逮捕令。

克里斯的父親約翰・古菲最後賣掉在奧里克的房子，搬到南邊的麥金利維爾。在克里斯・古菲與國家公園發生糾紛的這段期間，他一直支持自己的兒子。父子兩人有同樣的性格特徵：對國家公園管理局感到憤怒，並且因為缺少工作機會而沮喪。約翰・古菲認定奧里克現在是個「只有毒蟲居住」的小鎮。他還說道，最好到最後奧里克的人都跑光了，好讓國家公園管理局接管一切。許多奧里克鎮的人也都是對我提出這樣的陰謀論。

雖然休斯之前和賈西亞關係不錯，兩人後來似乎也出現摩擦。休斯說：「我從來沒有做出像他那樣的事，去砍還活著的樹⋯⋯如果你問我的話，那真是狗屁。」他堅持自己只取走死掉和倒下的樹。泰瑞・庫克和克里斯・古菲都和賈西亞的案子保持距離，庫克在他的後院裡說道：「他做得太過份了，他把那他媽的該死的東西從樹上砍下來。」

克里斯・古菲也說：「對啊，那樣不行，我們很氣他那麼做。」

賈西亞努力讓自己的人生好轉。當地牧場主人巴羅在這件事情上幫了他的忙，協助賈西亞完成所需的社區服務時數，以及做出回到傳統勞動力的初步嘗試。巴羅說：「有時候你在某人身上看到些什麼，你心想，**我們必須改變這件事**。」現在賈西亞在尤里卡的鋸木廠工作，還租了一間兩房的屋子，和女友與他們兩人的女兒住在一起。

當賈西亞談起自己的伴侶：「她比較關心環境，我想我之後也會。不過，多年來出於對國家公園的恨，引出我這糟糕的一面。」賈西亞說他不再去奧里克，而且自從二〇一四年五月的判決之後，也不被准許進入國家公園。提到這個案子他還是很生氣，相信賴瑞・莫羅被判的罪刑比他的輕，而且護管員就是要去抓他的。我們交談時，賈西亞把他女友說的話告訴我：「她說如果我早一個世代出生，這一切都可以被接受。」

休斯等審判結果等了三年——從二〇一八年到二〇二一年，開庭日一再延期。在這段陷入僵局的期間，他只能做些園藝的小工作和一般的勞力工作，同時要照顧他的母親琳恩・內茨。休斯說：「（國家公園）開除了我媽，我發現她每一天都很難面對這件事，因為她熱愛這份工作，而我是她丟了工作的原因。」他希望能盡快離開奧里克。

正當休斯的案子緩慢進行時，紅木國家公園暨州立公園護管員佩羅，把隱藏式攝影機對準隱蔽灘的木材。在海灘上很常看見被人切片和劈成木塊的盜伐木材。但是海邊也滿是堆得很高的原木和逐漸腐敗的漂流木，都被太陽曬得褪色，變得又白又黑，看起來像起伏的木頭小山丘。在攝影機拍到的影像中，佩羅看見當地人晚上開著卡車前去，砍下柴薪運離海灘。他看不出那些人是誰。

休斯案子停滯不前的這段期間，佩羅換了一份國家森林局的新工作，不過負責的業務範圍還是洪堡郡。在上任之前，佩羅是這麼談起休斯：「我不知道他認為會發生什麼事。」

——

二〇二一年八月的某一天，休斯和律師站在洪堡郡高等法院的一名法官面前。休斯直到前一個月還堅持自己無罪，聲稱有很多人跟他身高一樣，或許也和他開著同樣的卡車，也就是二〇一八年在梅溪監控影像中拍到的那個車款。他很確定國家公園管理局起訴自己的證據很薄弱：「他們手上只有一個身體輪廓模糊的照片，上面的人看起來有點像我。」對法庭第一次指定的辯護律師失望的他，在案子持續拖延期間，前前後後一共換了四位公設辯護人。

不過，休斯在二〇二一年七月改變心意，與檢察官協議認罪。他的大部分指控都被撤銷，只承認毀損公物，希望法官能將自己的罪刑降級為輕罪；此外，還想保留他的四把槍，然而如果被判重罪，他的槍枝會被沒收。

在八月的一份緩刑審訊供述中，休斯暗示自己是被繼父賴瑞・內茨「陷害」，[1]後者最近搬出了琳恩家。然而在量刑時，法官清楚表明這番說詞沒有打動他，在法庭上說：「我看不出對此事件的任何悔意，被告也沒有承認自己做錯事。」法官希望休斯能聯繫紅木國家公園暨州立公園來提供賠償，證明他承認這項罪行的延伸影響不只是損失金錢的後果而已。法官接著說：「我看不出這一點，只看到被告在意是否能帶槍。」

替國家公園管理局提起公訴的檢察官希望能判到最高刑罰，包括一萬美元的罰金，並完全禁止他進入國家公園。但是法官認為休斯不太可能成為累犯，而他的母親和姐姐最近又被診斷出癌症。休斯主張自己不應該被徹底禁止進入國家公園，尤其是他必須開車上公路送家人去看診。最後他被判處兩年緩刑、四百小時社區服務、一千兩百美元罰金，以及禁止進入國家公園（開車穿過公園除外）。

休斯站在法官面前，等待上述宣判結果。在他右邊的牆上，就掛著用紅木雕刻而成的加州州徽。

・後記

本書即將完成時，加拿大英屬哥倫比亞省依舊迴盪著三十年前森林戰爭的回音。二〇二一年七月和八月，環保運動人士聚集在溫哥華島上一個叫仙女溪（Fairy Creek）的地區，省政府把一片生長老熟林的林地讓給提爾・瓊斯伐木公司（Teal Jones）。抗議人士住在雨林深處的樹枝上，在樹冠架起平臺，在樹幹上掛布條，躺在伐木機器前面。這些抗議活動很快就打破了一九九三年克拉闊特灣的紀錄：五個月內，有一千多人在現場被捕。

我在英屬哥倫比亞省內陸的家中緊追著封鎖仙女溪的新聞。我住在一個伐木鄉村，二〇一九年小鎮附近的鋸木廠關閉，導致該地區大約有兩百人被裁員。現在社區議會肩負的任務，就是讓不久前才穩定蓬勃發展的經濟朝各方面拓展。

就在我家前門外有一條窄路，通往一條更窄的泥土路，路邊沿著北湯普森河（North Thompson River）兩岸有一小片生長著道格拉斯冷杉、鐵杉和美西紅側柏的森林。這片森林由威爾斯・格雷社區林公司（Wells Gray Community Forest Corporation）管理，之前這個地區的伐木業沒落，於是在二〇〇四年成立了這間公司。現在位於清水市（Clearwater）周圍的這片社區林有許多用途，也包括伐木在內。砍伐我家周圍樹木帶來的利潤，通常會回饋當地的慈善機構和相關團體。這間公司是驅動當地就業以及文化的來源。

威爾斯・格雷這一類社區林在英屬哥倫比亞省持續緩慢擴張，這是樹木可以永續使用的小小證明。事實上，該省最一開始成立社區林的時間點，就是緊接著森林戰爭之後的一九九八年。在二〇二一年發表的一份報告中，英屬哥倫比亞社區林協會（British Columbia Community Forest Association）發現社區林創造的工作機會是獨立企業的兩倍以上，在該省一半的社區林是由原住民社區管理，或與原住民社區合作。

英屬哥倫比亞省目前有五十九座社區林，其中大多數社區林由不到三千人組成的自治區經營。他們自行管理木材及其製品，將土地長期租賃給省政府。二〇二一年，該省有一千五百多人靠社區林取得一些收入，其中不只有伐木帶來的收益，也包括滅火、建造步道和科學研究等等。

社區林替森林管理這件事如何更能代表森林社區，提供了一種解決方案。至少，當拯救紅木聯盟與紅木國家公園暨州立公園簽署一項協議，允許有限的伐木來作為紅木再興計畫（Rising Redwoods project），這個嘗試復興國家公園的大膽計畫的一部分時，這種森林至少有助於避免最近在奧里克爆發的那種怨恨。看著重型設備橫掃國家公園土地上的樹林，以及鏈鋸砍倒與修剪樹木的景象，令奧里克許多居民感到困惑與憤怒。

休斯說：「他們還因為我們拿走死掉的東西，說**我們**是壞人，我還以為這一切都是為了拯救紅木。」

接著，他又說道：「他們訂了規則又不遵守，那這件事對其他人說明了什麼？」

自行管理社區林的慣例，當然不局限於英屬哥倫比亞省。在我造訪的秘魯特許地，都是由當地人擔任工作人員。此外，墨西哥的某些社區林也經營得非常成功，專家甚至建議將這些地方當作全球社區林的模範。值得注意的是，社區林已減少數千個森林地區的貧窮狀況。

正如我們在陽光海岸社區林所見到的，盜木依舊發生在各個社區林裡。但如果盜木賊知道他們盜伐的是鄰居的樹木，而不是屬於某個無名的國家公園管理單位時，造成盜木的因素可能會減少。再加上與類似茵菲諾聚落森林裡的社區護管員配合，或許就會使盜木的風險過高。對某些人來說，這點甚至能加強社區團結——正如休斯所說，如果自己認識在路上攔下他車子的人，在鎮上的生活或許就不那麼緊張，而是更讓人感到親切。

要達到上述目的，需要新的保育措施，也需要請護管員放下槍。全球的森林管理專家開始倡導能讓社區掌控周遭森林的森林管理政策，即便這表示要砍樹。而那些倡議保育、但不把人的因素考慮在內的提議，將會遭到強烈的反彈。二〇二〇年，由一百位經濟學家組成的團隊發表了一份報告，懇請政府在二〇三〇年之前保留全世界百分之三十的土地。但這是把人從中去除的封閉模式，而在他們的計畫中暗示觀光業將能填補停止開發林業資源所留下的職缺。作為回應，全世界研究人員和社會學家提出自主性的批判，有份評估意見中就發出了憤怒的聲音：「這份研究報告在我們看來就像是一種新的殖民主義模式。」

將人與大自然分離，永遠不是讓大自然安然無恙的方式，《森林憲章》早已因應此一智慧，其處理的議題在數百年之後依舊事關重大。這些問題產生的後果，成為遺留一整個世代的傷痛，曾經在一九九四年柯林頓總統召開的波特蘭高峰會中朗讀宣言的納丁・貝利就說：「我先生一直沒有振作起來。他試著做過一些事，但那都不適合他，他靈魂的一部分被帶走了。政府違背了對鄉村社區的承諾，使得人們失去希望。」

保護樹木終究是一個歸屬問題。你來自哪裡？你了解這些樹木嗎？休斯說：「如果要追究下去，這所有土地都屬於尤羅克人。」

▪謝辭

本書仰賴人們的不吝分享，他們對我敞開心房，吐露自己的生命經驗，尤其是加州奧里克鎮的居民。特別要感謝的是，如果沒有以下幾位的坦誠以對，就不會有本書的出現：丹尼・賈西亞、德瑞克・休斯、琳恩・內茨、泰瑞・庫克、切里希・古菲、克里斯・古菲，以及約翰・古菲，他們一再回答非常私人的問題，而在我嘗試訴說一個完整而細膩的故事時，展現他們對此事的承諾、善意與坦白的態度。

總護管員史蒂芬・特洛伊、護管員布蘭登・佩羅與蘿拉・丹妮、特別調查探員史提夫・佘，以及紅木國家公園暨州立公園其餘團隊成員，向我仔細解釋他們在國家公園的工作，並且親切又耐心地回答我許多後續問題。國家公園管理局與內政部迅速提供我追蹤本書故事所需的文件。服務於奧勒岡州美國國家森林局分部的安迪・柯里爾（Andy Coriel）與菲爾・霍夫也提供我許多寶貴的資料。加拿大英屬哥倫比亞省的路克・克拉克與丹尼斯・布里德（Denise Blid）讓我坐在巡邏卡車後座，還耐心回答我的問題。我要感謝奧勒岡州的美國魚類及野生動物鑑識實驗室准許我進入現場參觀，謝謝艾德・埃斯皮諾薩、肯・高達和凱迪・蘭開斯特替我導覽研究過程。此外，我也要感謝瑞奇・克隆與我分享他在令人稱奇的樹木ＤＮＡ領域的專業知識。

史都華・克里切夫斯基文學經紀公司（Stuart Krichevsky Literary Agency）的麥肯齊・布萊迪・華生（Mackenzie Brady Watson），她從一開始就信任我，也信任這個故事，甚至在我懷疑眼前道路的那些時刻也一樣，因此我要感謝她與同為該公司的亞美莉亞・菲利浦（Aemilia Phillips）對我一直以來的支持、建議與指導。魯琴斯與魯賓斯坦文學經紀公司（Lutyens & Rubinstein）的黛西・帕倫蒂（Daisy Parente）在英國推廣我的書，我一直都很感謝這本書能出現在那裡的書架上。

立德布朗・史巴克出版社（Little, Brown Spark）的崔西・畢哈爾（Tracy Behar）與伊恩・史特勞斯（Ian Straus），以及灰石出版社（Greystone Books）的珍妮佛・克羅（Jennifer Croll）展現既面面俱到又具挑戰性，並且聰慧的編輯能力，當本書迷失在樹林中時，他們替它找到出路。也感謝霍德與史托頓出版社（Hodder & Stoughton）的休・阿姆斯壯（Huw Armstrong）將本書分享給英國讀者，並看見它與英國森林之間的關係。感謝愛倫・法羅（Allan Fallow）敏銳的審稿，使初稿品質大幅提昇。我要誠摯感謝立德布朗・史巴克出版社、灰石出版社，以及霍德與史托頓出版社的行銷團隊，謝謝他們協助本書找到讀者。

感謝傑佛瑞・華德（Jeffrey Ward）精美的地圖，很榮幸能將您的作品與我的文字共同呈現。也要感謝珍・莫尼葉（Jen Monnier）一絲不苟的事實查核。卡西迪・馬丁（Cassidy Martin）是一位優秀的研究助理與謄寫員，現在他對盜木的事懂得和我一樣多。

新冠肺炎疫情使我無法按照計畫，頻繁走訪太平洋西北地區。我很感激在本書寫作過程中能在洪堡郡街頭度過一段時光，也感謝當地居民在這期間願意接我的電話和收我的訊息。感謝洪堡郡歷史學會讓我使用美麗的研究空間並閱覽檔案，以及與我進行許多有趣的對話和提供精闢見解。關於社區對毒品的反應，洪堡郡當地人讓我體會他們的善良、開放的精神和寬容大度的性情。洪堡郡高等法院的泰瑞莎・亞諾夫斯基（Teresa Janowski）引導我熟習法院的制度，在我尋找謄本與檔案時提供寶貴的協助。本書中的每一位消息來源者都是我人生中坦率、合作與友善的力量，而我則希望這是他們真實的部分面向。

在二〇一八年前往秘魯的馬德雷德迪奧斯大區與烏卡亞利大區各地的許多社區時，我受到當地人的熱情接待。感謝米爾頓・羅佩茲・塔拉博基亞確保我的報導能流暢進行；在我們搭乘江輪和在叢林裡健行時，他也是個聰明又風趣的同行夥伴。感謝馬德雷德迪奧斯河與其支流土著聯盟（Federación Nativa del Rio Madre de Dios y Afluentes）的羅莎・巴卡（Rosa Baca）、魯希勒・阿吉雷與茵菲諾、貝爾吉卡（Comunidad Nativa Belgica）與橘園等原住民社區向我分享你們的知識及經驗，也感謝能讓我在你們的土地上搭起帳篷。同時要感謝環境調查局的茱莉亞・烏倫納加（Julia Urrunaga）與亞馬遜河上游自然保護區的保羅・瓦斯奎茲，你們以無比的勇氣，甘願冒著極大的風險來研究亞馬遜叢林的盜木賊。

我大部分的寫作內容都受到研究北美保育歷史的學者潛心研究的成果影響。我把大量相關研究都放在書目裡，然而在此我要特別感謝三位學者卡爾・雅各比（Dr. Karl Jacoby）、艾里克・路米斯（Dr. Erik Loomis）與多賽塔・泰勒（Dr. Dorceta Taylor），他們的作品給了我安慰、動力、靈感，以及讓我對自己的觀察報告產生信心。感謝維吉尼亞（Virginia）提供的日記。我也十分受惠於收藏在加州柏克萊大學班克羅夫特圖書館（Bancroft Library），由愛蜜莉亞・弗萊進行訪談的口述歷史檔案。感謝加拿大湯普森河大學（Thompson Rivers University）的圖書館員，他們是館際互借的專家。

書中取自我在雜誌與線上新聞寫作的部分，受到蜜雪兒・奈胡斯（Michelle Nijhuis）、瑞秋・葛羅斯（Rachel Gross）與布萊恩・霍華德（Brian Howard）等傑出編輯的影響。構成本書的研究與報告接受來自國家地理學會、環境記者協會提供的環境新聞基金（the Society of Environmental Journalists' Fund for Environmental Journalism）、加拿大國家藝術委員會（Canada Council for the Arts）與亞伯達藝術基金會（Alberta Foundation for the Arts）等機構的財務支援。

一些寫作工作坊豐富了本書的寫作內容，包括班夫藝術中心的山林荒野寫作工作坊（Banff Centre's Mountain and Wilderness Writing Workshop）與土司麵包條環境作家會議（Bread Loaf Environmental Writers' Conference）。非常感謝我工作坊的導師約翰・艾德（John Elder）、瑪尼・傑克森（Marni Jackson）和東尼・惠托姆（Tony Whittome），以及一起參加工作坊的作家朋友們，他們增進我的自信心，在各方面都激勵了我。此外，也要感謝潔西卡・李（Jessica J. Lee）和莎拉・史都華・強森（Sarah Stewart Johnson），在我撰寫這本書的計畫書時，他們鼓勵我，並慷慨提供範例給我。

我很幸運能有體貼、聰明又有創意的良師益友，他們在本書寫作過程中提出編輯的注意事項和道德見解。我也要一再感謝艾利森・德佛羅（Allison Devereaux）、瑪格麗特・賀里曼（Margaret Herriman）、傑米・亨里克斯（Jamie Hinrichs）、蜜雪兒・凱（Michelle Kay）、史蒂芬・金寶（Stephen Kimber）、卡蓮・平欽（Karen Pinchin）以及珊蒂・蘭卡杜瓦（Sandi Rankaduwa）。

我的家人丹妮耶・布爾岡（Danielle Bourgon）與蓋瑞斯・辛普森（Gareth Simpson）、戴瑞・布爾岡（Daryl Bourgon）與崔娜・羅伯吉（Trina Roberge）、莉莎・胡伊辛與阿奇・胡伊辛（Lisa and Archie Huizing）以及我的祖父母里克・布爾岡與夏琳・布爾岡（Rick and Charlyne

Bourgon），他們總是毫不猶豫支持我與我的工作；我也要感謝在這本書把我帶往陌生的地方時，他們對我付出的耐心與熱情。這本書源自於他們給我的機會，並且在我受到賽門・柯克姆（Simon Corkum）堅定的支持時，開花結果。

我摘錄以下出自美國小說家詹姆斯・艾吉（James Agee）的《此刻讓我們讚美名人》（*Let Us Now Praise Famous Men*）書中的一段話，作為指路明燈：

> 為了全心投入一個主題，在踏出每一步時，你對這主題的敬意與日俱增，你的心在處理它時會因為感到慚愧而變得虛弱：你知道經過一段很長的時間之後，它終究會漸入佳境、終究會進入你的靈魂底層，那個你與它不配之處：無論如何，且讓我希望它是某樣我開始學習之物。

在此過程中，我倍感榮幸。

‧詞彙表

阿拉斯加鋸木機（Alaska Mill）　一種附鏈鋸的可攜式小型鋸木機，可由一至二人操作，將原木鋸成木材。

鳥眼紋（Bird’s eye）　一種打斷平順木紋線的紋路，獨特且價值高昂。

原木料（Blank）　可以木工車床切割成工藝品的木材。

板英尺（Borard Feet）　木材體積的度量單位。一板英尺等於長、寬、高都是一英尺的一塊木頭。

截斷（Buck）　將砍下來的樹幹切成一截一截。

牽引機工人（Cat Skinner）　操作卡特彼勒牽引機（Caterpillar tractor）的工人。

檢查木紋（Checking Wood）　用斧頭或鏈鋸砍下一小塊樹幹，以便檢查裡面的紋路。

伐木鏈（Choker）　綑綁一根或多根原木的一小段鋼索，方便把木頭拖到空地上載走。

皆伐（Clear-cut）　將森林裡某一區的每一棵樹都砍下並運走。

矮林作業法（Coppice）　將森林中某一區的樹木砍至與地面齊平，以便刺激生長，至於砍下來的樹則供柴薪與其他木材之用。

柯度（Cord）　以一百二十八平方公尺為單位的木材體積。

伐區（Cutblock）　某個嚴格界定邊界的區域，在這區域內可合法砍伐與撿拾樹木。

伐線（Cutline）　為了在森林中劃出一條直線而伐木，通常是作為劃定地界的一種方式。

枯倒木（Dead-and-down）　在自然力之下死亡並倒下的樹木。

期望路線（Desire line）　森林中由人來回行走踩踏出的路，不是正式開闢的路。

落葉堆（Duff）　常見覆蓋森林地面的植物相關物質，如樹葉、樹枝、枯死的原木等。

磨邊機（Edger）　用來將粗糙的木材磨直與磨平的機器。

砍伐（Fell）　砍樹的過程或行為

伐木楔（Felling Wedge）　一塊厚塑料，功用是防止直立樹夾住鏈鋸刀片，因為這通常會使樹木朝切口方向倒下。

木紋（Figure）　木頭表面的紋路。

鵝舍（Goosepen）　大至可容納一名成人的中空樹幹。

綠鏈（Green chain）　鋸木廠使用的木材輸送系統。「拉綠鍊」（pulling green chain）指的是收集鋸木廠的成品，以經過控制的速率將其分級與分類。

心材（Heartwood）　死去樹木的中央部分（有時也稱「木心」〔duramen〕）。

鋸木廠（Mill）　將原木處理成木材的工廠。

音樂木（Music wood）　有時也稱為「樂器木」（tonewood），指用來製作弦樂器的正面、側面、背面、指板與琴橋的原木料。

缺口（Notch）　在活著的樹或倒下的樹上砍出的V字形切口。

廢木拍賣地點（Salvage site）　一塊作為伐木用的出售林地，林地上有死去或將死的樹木。

次生林（Second-growth）　用來取代已被砍伐老熟林的林地。

固定鋼索（Setting chokers）　將搬運原木的鋼索連接到原木上，以便運送。

粗糙木瓦與平整木瓦（Shakes and Shingles）　這兩種術語可互換使用，指劈開的長方形木瓦片。Shake（輪裂）一詞也可以用來形容年輪間的裂縫與分離的情形。

厚板（Slab）　從原木或木料上切下的外層木頭。

枯立木（Snag）　死掉但仍直立的樹，或將死的樹。

直劈木材（Split lumber）　順著木紋劈開而不是切成圓片的木頭。

光棍營地（Stag camp）　暫時的伐木地點，通常沿河而建，有工寮和野炊處。

林分（Stand）　樹的大小、樹齡和分布都十分類似的一片樹林。

林木估測員（Timber cruiser）　調查林分內的樹木，估計其中有多少板英尺可銷售木材的專家。

釘樹（Tree-spiking）

把大釘子釘進樹幹，目的是破壞意圖伐木的相關機具，或破壞砍伐下來的木材品質，抑或是兩者皆有。

車工（Turing）

用車床將木頭磨出形狀的動作。

第十八章　「願景的追尋」

1. 在我們談話的一年之後，也就是二〇一九年，泰瑞・格羅茲過世了。

第二十一章　森林碳匯

1. 二〇二一年，楊與某個反盜獵團體在西非布吉納法索旅行時，他和兩名同行記者都遭人殺害。

第二十二章　僵局

1. 在該案的檔案中看不出有陷害的跡象，但休斯堅持賴瑞有提供他的訊息給護管員。

第十三章　大廈

1. 賈西亞說自己跟休斯很熟：「但我的意思是，我們差不多每一件事都是一起做的，都在一起。」
2. 賈西亞同意這一點。
3. 佩羅不記得休斯這個反應。
4. 休斯確實因涉案而被調查，正如幾年後他也因為別的案子被調查。
5. 琳恩・內茨暗示，特洛伊告訴其他部門主管不要雇用她做季節性工作。

第十四章　拼圖

1. 卡馬達記得他曾經走進旅館的一個房間，發現有一千株多肉植物存放在冰桶裡，或是散放在家具上。
2. 休斯事後告訴調查員，鑰匙是從某個他不記得的「傢伙」那裡拿來的。
3. 沃特拒絕為本書接受訪問。

第十六章　起點樹

1. 他的綽號是「雷神索爾」，長得很體面：骨架寬大得像超級英雄，留著一頭捲曲的金色長髮。

第十七章　追蹤木材

1. 克隆的研究非常值得信賴。他的DNA分析得出巧合結果的機率極低，是個非常微小的數字：一澗（undecillion，一後面有三十六個〇）分之一。

克和賈西亞各自記得的日期是一九七〇年，但二〇一九年庫克告訴我，他在奧里克住了五十八年，這表示庫克家是一九六一年抵達奧里克。一九七〇年之前，奧里克沒有任何庫克家的相關紀錄。

2. 約翰·古菲之所以關掉公司，因為他不想一直應付不斷升級機械與技術所需的大筆支出。
3. 賈西亞不同意這句話，他說自己通常是「在人們身邊」學到更多東西。
4. 和克里斯·古菲談過兩次話之後，我就聯絡不上他了。
5. 兩人身上都還有華盛頓州對他們發出的逮捕令。

第九章　神祕樹

1. 當地歷史學家已經證實，人們砍伐樹瘤的時間的確至少有這麼久。
2. 克里斯·古菲既沒有承認也沒有否認這人就是他。
3. 神祕樹的老闆沒有回覆此案的訪談要求。

第十章　轉變

1. 我沒有找到關於這場會議的證據，不過已經成為一則當地傳說。

第十一章　爛工作

1. 洪堡郡的貧窮率一直高於加州的平均數字。

第十二章　逮捕一名歹徒

1. 賈西亞否認曾有這次會面與談話，但卻在官方文件裡有留下紀錄。

2. 自然保育人士約翰・繆爾的父親甚至從他們在威斯康辛州自家周圍的土地盜伐木材，這後來成為一項極其諷刺之舉。
3. 雖然伐木的安全性已獲得改善，林業依舊是世界上最危險的職業之一。在社會科學家路易絲・福特曼對伐木家庭進行的訪談中，一名伐木工人的妻子告訴福特曼，她每天都感謝上帝，自己的先生沒有因為這工作而死去。一九七六年，林業工作人員的死亡人數超過同一地區的警察與消防隊員。
4. 之前位於洪堡郡大草原溪紅木州立公園的一座麥迪森・葛蘭特紀念碑，已於二〇二一年六月移除。

第四章　月球表面的景象

1. 這群人由來自科羅拉多州的委員會主席韋恩・阿斯皮納爾（Wayne Aspinall）率領，他們送給後者一把紅木做成的小木槌。

第五章　戰區

1. 一名修剪工向參與高峰會的人解釋：「十四歲時，我學習了先人的傳統。」
2. 值得注意的是這一詞源自於生態女權運動（eco-feminist）抗議活動，這是一九七〇年代印度喜馬拉雅山區婦女發起的契普克抱樹運動（Chipko movement）的一部分。

第六章　通往紅木的入口

1. 在某些例子中，嫩枝也被盜走，但沒有任何文件證明有人因此而受到指控。

第七章　盜木之禍

1. 我們無法確定庫克一家到底是哪一年抵達奧里克鎮。泰瑞・庫

・注釋

第一章　林間空地

1. 這是由美聯社於二〇〇三年訂出的數字，是最近期的估算，也被廣泛使用在討論非法木材貿易的相關文獻中。
2. 這個數字來自於一九九〇年代美國國家森林局所做的一份研究。更近期的研究尚未進行，這是國家森林局官方持續引用的數字。

第二章　盜木賊與獵場看守人

1. 根據紀錄，大多數盜獵者（大致來說至今依舊如此）都是男人，但這一天的十一人中有女人。
2. 又稱為柯爾斯草坪（Corse Lawn）。
3. 在今日的英格蘭仍然存在三個有皇室護林官法庭的史旺尼莫法庭：狄恩森林（Forest of Dean）、埃平森林（Epping Forest）和新森林（New Forest）。
4. 他戲稱自己是「史基明頓女士」（Lady Skimmington；譯注：Skimmington 一字指英國鄉村的某種舊習俗，村民會組成喧鬧的遊行隊伍，目的是嘲諷對伴侶不忠，或有其他不道德行為的丈夫或妻子）。

第三章　深入國家心臟地帶

1. 出自卡爾・雅各比，《危害自然的犯罪》（*Crime against Nature*）。

Vavenby mill." *Clearwater (BC) Times*, June 3, 2019.

Waldron, Anthony, et al. "Protecting 30% of the Planet for Nature: Costs, Benefits and Economic Implications." Working paper analyzing the economic implications of the proposed 30% target for areal protection in the draft post-2020 Global Biodiversity Framework. Cambridge Conservation Research Institute, 2020.

Activities." African Lion & Environmental Research Trust, 2014.

第二十二章　僵局

Barlow, Ron. Interview with the author, Oct. 2021.

Cook, Terry, and Cherish Guffie. Interview with the author, Sept. 2019.

Garcia, Danny. Interviews with the author, Dec. 2019, Jan. 2020, Oct. 2020, Dec. 2020, Feb. 2021, June 2021, July 2021, and Oct. 2021.

Guffie, John. Interview with the author, Oct. 2020.

Hughes, Derek. Interviews with the author, Sept. 2020, Oct. 2020, Mar. 2021, Apr. 2021, July 2021, and Oct. 2021.

Pero, Branden. Interviews with the author, Sept. 2019 and Sept. 2021.

Probation Report, "The People of the State of California v. Derek Alwin Hughes." Aug. 2021, accessed Oct. 2021.

後記

Bray, David. "Mexican communities manage their local forests, generating benefits for humans, trees and wildlife." The Conversation.com. https://theconversation.com/Mexican-communities-manage - their - local - forests-generating-benefits-for-humans-trees-and-wildlife-165647.

British Columbia Community Forest Association. "Community Forest Indicators 2021," Sept. 2021.

Duffy, Rosaleen, et al. "Open Letter to the Lead Authors of 'Protecting 30% of the Planet for Nature: Costs, Benefits and Implications.' " https://openlettertowaldronetal.wordpress.com/.

Meissner, Dirk. "Ongoing protests, arrests at Fairy Creek over logging 'not working,' says judge." *Canadian Press*, Sept. 18, 2021.

Polmateer, Jaime. "172 job layoffs as Canfor announces closure of

第二十一章　森林碳匯

Author's personal notes and photographs.

Ennes, Juliana. "Illegal logging reaches Amazon's untouched core, 'terrifying' research shows." Mongabay.com, Sept. 15, 2021.

Espinoza, Ed. Interviews with the author, June 2018 and Sept. 2019.

Carrington, Damian. "Amazon rainforest now emitting more CO2 than it absorbs." *Guardian* (London), July 14, 2021.

Center for Climate and Energy Solutions. "Wildfires and Climate Change." https://www.c2es.org/content/wildfires-and-climate-change/.

International Union for Conservation of Nature. "Peatlands and climate change." Issues Brief, 2014.

——. "Rising murder toll of park rangers calls for tougher laws." July 29, 2014.

Jirenuwat, Ryn, and Tyler Roney. "The guardians of Siamese rosewood." China Dialogue.net, Jan. 28, 2021.

Lancaster, Cady. Interviews with the author, Sept. 2019 and Oct. 2020.

Law, Beverly, and William Moomaw. "Curb climate change the easy way: Don't cut down big trees." The Conversation.com, Apr. 7, 2021.

Rainforest Alliance. "Spatial data requirements and guidance," June 2018.

Shukman, David. " 'Football pitch' of Amazon forest lost every minute." BBC News, July 2, 2019.

United Nations Sustainable Development. "UN Report: Nature's Dangerous Decline 'Unprecedented'; Species Extinction Rates 'Accelerating.' " May 6, 2019.

Young, Rory, and Yakov Alekseyev. "A Field Manual for Anti-Poaching

congress.gov/product/pdf/RL/RL33932/8.
World Wide Fund for Nature. "Illegal wood for the European market," July 2008.
——. "Stop Illegal Logging." https://www.worldwildlife.org/initiatives/stopping-illegal-logging.
Zuckerman, Jocelyn C. "The Time Has Come to Rein in the Global Scourge of Palm Oil." *Yale Environment 360,* May 27, 2021.

第十九章　從秘魯到休士頓

Aguirre, Ruhiler. Interviews with the author, Apr. 2018.
Author's personal notes and photographs.
Conniff, Richard. "Chasing the Illegal Loggers Looting the Amazon Forest." *Wired*, Oct. 2017.
Custodio, Leslie Moreno. "In the Peruvian Amazon, the prized shihuahuaco tree faces a grim future." Mongabay.com, Oct. 31, 2018.
Environmental Investigation Agency. "The Illegal Logging Crisis in Honduras," 2006.
——. "The Laundering Machine: How Fraud and Corruption in Peru's Concession System Are Destroying the Future of Its Forests," 2012.
Urrunaga, Julia. Interview with the author, May 2018.

第二十章「我們信任樹木」

Author's personal notes and photographs.
Jumanga, Jose. Interview with the author, May 2018.
Vasquez, Raul. Interview with the author, May 2018.

(London), May 31, 2021.

Dunlevie, James. “Million-dollar ‘firewood theft’ operation busted in southern Tasmania.” ABC News (Sydney), May 7, 2020.

Espinoza, Ed. Interviews with the author, June 2018 and Sept. 2019.

Food and Agriculture Organization of the United Nations. North American Forest Commission, Twentieth Session, “State of Forestry in the United States of America,” 2000. http://www.fao.org/3/x4995e/x4995e.htm.

Goddard, Ken. Interviews with the author, June 2018 and Sept. 2019.

Grant, Jason, and Hin Keong Chen. “Using Wood Forensic Science to Deter Corruption and Illegality in the Timber Trade.” Targeting Natural Resource Corruption (Topic Brief), Mar. 2021.

Grosz, Terry. Interview with the author, June 2018.

International Bank for Reconstruction and Development/The World Bank. *Illegal Logging, Fishing, and Wildlife Trade: The Costs and How to Combat It.* Oct. 2019.

Lancaster, Cady. Interviews with the author, Sept. 2019 and Oct. 2020.

Mukpo, Ashoka. “Ikea using illegally sourced wood from Ukraine, campaigners say.” Mongabay.com, June 29, 2020.

Nellemann, Christian. Interview with the author, Sept. 2013.

Neme, Laurel A. *Animal Investigators: How the World's First Wildlife Forensics Lab Is Solving Crimes and Saving Endangered Species.* New York: Scribner, 2009.

Petrich, Katharine. “Cows, Charcoal, and Cocaine: al-Shabab's Criminal Activities in the Horn of Africa.” *Studies in Conflict & Terrorism*, 2019.

Sheikh, Pervaze A. “Illegal Logging: Background and Issues.” Congressional Research Service, June 2008. https://crsreports.

investigation results," Oct. 1, 2019.

第十七章　追蹤木材

Adventure Scientists. "Timber Tracking." https://www.adventurescientists.org/timber.html.

——. "Tree DNA Used to Convict Timber Poacher," July 29, 2021.

Cronn, Richard. Interview with the author, Aug. 2021.

Cronn, Richard, et al. "Range-wide assessment of a SNP panel for individualization and geolocalization of bigleaf maple (*Acer macrophyllum* Pursh). *Forensic Science International: Animals and Environments*. Vol. 1, Nov. 2021: 100033.

Dowling, Michelle, Michelle Toshack, and Maris Fessenden. "Timber Project Report 2019." Adventure Scientists, Nov. 2020. https://www.adventurescientists.org/uploads/7/3/9/8/7398741/2019_timber-report_20201112.pdf.

Gupta, P., J. Roy, and M. Prasad. "Single nucleotide polymorphisms: A new paradigm for molecular marker technology and DNA polymorphism detection with emphasis on their use in plants." *Current Science* 80, no. 4 (Feb. 2001): 524–35.

United States Department of Agriculture, Forest Service. "Maple Fire investigation results," Oct. 1, 2019.

第十八章　「願景的追尋」

Author's personal notes and photographs, Sept. 2019.

Baquero, Diego Cazar. "Indigenous Amazonian communities bear the burden of Ecuador's balsa boom." Mongabay.com, Aug. 17, 2021.

Davidson, Helen. "From a forest in Papua New Guinea to a floor in Sydney: How China is getting rich off Pacific lumber." *Guardian*

Peterson, Jodi. "Northwest timber poaching increases." *High Country News* (Paonia, CO), June 8, 2018.

"Story of the year: DisconTent City." *Nanaimo (BC) News Bulletin,* Dec. 27, 2018.

Sunshine Coast Community Forest. "History." http://www.sccf.ca/who-we-are/history.

"Timber poaching grows on Washington public land." Washington Forest Protection Association Blog, Dec. 19, 2018. https://www.wfpa.org/news-resources/blog/timber-poaching-grows-on-washington-public-land/.

"Tree poaching hits 'epidemic' levels." *Coast Reporter* (Sechelt, BC), May 18, 2020.

Vinh, Pamela. Interview with the author, Feb. 2019.

Washington Department of Natural Resources. "Economic & Revenue Forecast," Feb. 2018.

Zeidler, Maryse. "Report recommends batons, pepper spray for B.C. natural resource officers." CBC.ca, Mar. 10, 2019.

Zieleman, Sara. Personal correspondence with the author, Apr. 2021.

第十六章　起點樹

Court filings, "United States of America v. Justin Andrew Wilke." Case no. CR19-5364BHS, accessed Sept. 2021.

Golden, Hallie. " 'A problem in every national forest': Tree thieves were behind Washington wildfire." *Guardian* (London), Oct. 5, 2019.

"Member of timber poaching group that set Olympic National Forest wildfire sentenced to 2½ years in prison." United States Attorney's Office, Western District of Washington, Sept. 21, 2020.

United States Department of Agriculture, Forest Service. "Maple Fire

Oct. 2021.

Probation Report, “The People of the State of California v. Derek Alwin Hughes.” Aug. 2021, accessed Oct. 2021.

Sims, Hank. “Humboldt Deputy DA Named California’s ‘Wildlife Prosecutor of the Year’: Kamada Prosecuted Poachers, Growers, Dudleya Bandits.” *North Coast Outpost* (Eureka, CA), June 21, 2018.

Troy, Stephen. Interviews with the author, Sept. 2019, Sept. 2020, Feb. 2021, July 2021, and Oct. 2021.

第十五章　新的波瀾

British Columbia Ministry of Forests, Lands and Natural Resource Operations. “Tree poaching—response provided Oct. 2018.” Personal correspondence with the author, Feb. 2019.

——. “Unauthorized Harvest Statistics: 2016–2018.” Personal correspondence with the author, Feb. 2019.

Clarke, Luke. Interview with the author, Mar. 2019.

“Forest Stewardship Plan.” Sunshine Coast Community Forest. http://www.sccf.ca/forest-stewardship/forest-stewardship-plan, accessed Aug. 19, 2021.

Holt, Rachel, et al. “Defining old growth and recovering old growth on the coast: Discussion of options.” Prepared for the Ecosystem Based Management Working Group, Sept. 2008.

Hooper, Tyler (Canada Border Services Agency). Personal correspondence with the author, Apr. 2021.

Lasser, Dave. Interview with the author, Sept. 2020.

Nanaimo Homeless Coalition. “Factsheet: Homelessness in Nanaimo,” 2019.

https://www.woodmagazine.com/materials-guide/lumber/wood-figure/figuring-out-figure—birds-eye.

Hughes, Derek. Interviews with the author, Sept. 2020, Oct. 2020, Mar. 2021, Apr. 2021, July 2021, and Oct. 2021.

Johnson, Kirk. "In the Wild, a Big Threat to Rangers: Humans." *New York Times*, Dec. 6, 2010.

Netz, Lynne. Interview with the author, Sept. 2019.

Pennaz, Alice B. Kelly. "Is That Gun for the Bears? The National Park Service Ranger as a Historically Contradictory Figure." *Conservation & Society* 15, no. 3 (2017): 243–54.

Pero, Branden. Interviews with the author, Sept. 2019, Sept. 2021, and Oct. 2021.

Probation Report, "The People of the State of California v. Derek Alwin Hughes." Aug. 2021, accessed Oct. 2021.

Trick, Randy J. "Interdicting Timber Theft in a Safe Space: A Statutory Solution to the Traffic Stop Problem." *Seattle Journal of Environmental Law* 2, no. 1 (2012): 383–426.

Troy, Stephen. Interviews with the author, Sept. 2019, Sept. 2020, Feb. 2021, July 2021, and Oct. 2021.

第十四章　拼圖

Barnard, Jeff. "Redwood park closes road to deter burl poachers." Associated Press, Mar. 5, 2014.

Court filings, "People of the State of California v. Derek Alwin Hughes." Case no. CR1803044, accessed Dec. 2020.

Hughes, Derek. Interviews with the author, Sept. 2020, Oct. 2020, Mar. 2021, Apr. 2021, July 2021, and Oct. 2021.

Pero, Branden. Interviews with the author, Sept. 2019, Sept. 2021, and

Its Redwoods." *New York Times*, Apr. 8, 2014.
Cook, Terry, and Cherish Guffie. Interview with the author, Sept. 2019.
Court filings, "The People of the State of California v. Danny Edward Garcia." Case no. CR1402210A, accessed Aug. 2020.
Pires, Stephen F., et al. "Redwood Burl Poaching in the Redwood State & National Parks, California, USA," in Lemieux, A.M., ed., *The Poaching Diaries* (vol. 1): *Crime Scripting forWilderness Problems.* Phoenix: Center for Problem OrientedPolicing, Arizona State University, 2020.
Simon, Melissa. "Burl poacher sentenced to community service." *Times-Standard* (Eureka, CA), June 20, 2014.
Sims, Hank. "Burl Poaching Suspect Arrested." *Lost Coast Outpost* (Eureka, CA), May 14, 2014.
Yu, Steve. Interview with the author, July 2020.

第十三章　大廈

Author's personal notes and photographs.
Cook, Terry, and Cherish Guffie. Interview with the author, Sept. 2019.
Court filings, "People of the State of California v. Derek Alwin Hughes." Case no. CR1803044, accessed Dec. 2020.
"The Dangers of Being a Ranger." *Weekend Edition,* NPR, June 18, 2005.
Davidson, Joe. "Federal land employees were threatened or assaulted 360 times in recent years, GAO says." *Washington Post,* Oct. 21, 2019.
Garcia, Danny. Interviews with the author, Dec. 2019, Jan. 2020, Oct. 2020, Dec. 2020, Feb. 2021, June 2021, July 2021, and Oct. 2021.
Hearne, Rick. "Figuring out figure—bird's eye." *Wood Magazine.*

Threat Assessment, National Drug Intelligence Center, Jan. 2001.
Minden, Anne. Interview with the author, Aug. 2018.
Robles, Frances. "Meth, the Forgotten Killer, Is Back. And It's Everywhere." *New York Times*, Feb. 13, 2018.
Rose, David. " 'The Pacific Northwest is drowning in methamphetamine': 17 arrested in major drug trafficking operation." Fox13 Seattle, Oct. 24, 2019.
Sherman, Jennifer. "Bend to Avoid Breaking: Job Loss, Gender Norms, and Family Stability in Rural America." *Social Problems* 56, no. 4 (2009).
——. *Those Who Work, Those Who Don't: Poverty, Morality, and Family in Rural America*. Minneapolis: University of Minnesota Press, 2009.
Trick, Randy J. "Interdicting Timber Theft in a Safe Space: A Statutory Solution to the Traffic Stop Problem." *Seattle Journal of Environmental Law* 2, no. 1 (2012): 383–426.
Volkow, Dr. Nora. "Rising Stimulant Deaths Show That We Face More Than Just an Opioid Crisis." National Institute on Drug Abuse, Nov. 2020.
Widick, Richard. *Trouble in the Forest: California's Redwood Timber Wars*. Minneapolis: University of Minnesota Press, 2009.
Yu, Steve. Interview with the author, July 2020.

第十二章　逮捕一名歹徒

"Arrest made in burl poaching case." Redwood National and State Parks, May 14, 2014.
Author's personal notes and photographs.
Brown, Patricia Leigh. "Poachers Attack Beloved Elders of California,

Guffie, Chris. Interview with the author, Sept. 2020.

Hagood, Jim. Interviews with the author, Sept. 2019 and Jan. 2021.

Heffernan, Virginia. "Confronting a Crystal Meth Head Who Is Handy with a Chainsaw." *New York Times,* Aug. 10, 2007.

Henkel, Dieter. "Unemployment and substance use: A review of the literature (1990–2010)." *Current Drug Abuse Reviews* 4, no. 1 (2011).

Hufford, Donna, and Joe Hufford. Interview with the author, Sept. 2019.

Hughes, Derek. Interviews with the author, Sept. 2020, Oct. 2020, Mar. 2021, Apr. 2021, July 2021, and Oct. 2021.

"Humboldt County Economic & Demographic Profile." Center for Economic Development, 2018.

Kemp, Kym. "Never Ask What a Humboldter Does for a Living and Other Unique Etiquette Rules." *Lost Post Outpost* (Eureka, CA), Jan. 8, 2011.

Kristof, Nicholas D., and Sheryl WuDunn. *Tightrope: Americans Reaching for Hope.* New York: Knopf, 2020.

Life After Meth: Facing the Northcoast Methamphetamine Crisis. Produced by Seth Frankel and Claire Reynolds. Eureka, CA: KEET-TV, 2006.

Lupick, Travis. *Fighting for Space: How a Group of Drug Users Transformed One City's Struggle with Addiction.* Vancouver, BC: Arsenal Pulp Press, 2017.

Madonia, Joseph F. "The Trauma of Unemployment and Its Consequences." *Social Casework* 64, no. 8 (1983): 482–88.

Maté, Gabor. *In the Realm of Hungry Ghosts: Close Encounters with Addiction.* Toronto: Random House Canada, 2009.

"Methamphetamine." California Northern and Eastern Districts Drug

Oct. 2021.
Simmons, James. Interview with the author, Sept. 2019.
Treasure, James. " 'Orick in grave need,' according to letter." *Times-Standard* (Eureka, CA), Oct. 24, 2001.
Walters, Heidi. "Orick or bust." *North Coast Journal of Politics, People & Art* (Eureka, CA), May 31, 2007.

第十一章　爛工作

"Adverse Community Experiences and Resilience: A Framework for Addressing and Preventing Community Trauma." Prevention Institute, 2015.
Bradel, Alejandro, and Brian Greaney. "Exploring the Link Between Drug Use and Job Status in the U.S." Federal Reserve Bank, July 2013.
Case, Anne, and Angus Deaton. *Deaths of Despair and the Future of Capitalism.* Princeton, NJ: Princeton University Press, 2021.
"Coley." *Intervention,* Season 3, Episode 11. A&E, aired Aug. 2007.
Coriel, Andrew, and Phil Huff. Interview with the author, July 2020.
Court filings, "The People of the State of California v. Danny Edward Garcia." Case no. CR1402210A, accessed Aug. 2020.
Daniulaityte, Raminta, et al. "Methamphetamine Use and Its Correlates among Individuals with Opioid Use Disorder in a Midwestern U.S. City." *Substance use & misuse* 55, no. 11 (2020): 1781–1789.
DataUSA. "Orick, CA." https://datausa.io/profile/geo/orick-ca/.
Dumont, Clayton W. "The Demise of Community and Ecology in the Pacific Northwest: Historical Roots of the Ancient Forest Conflict." *Sociological Perspectives* 39, no. 2 (1996): 277–300.
Goldsby, Mike. Interview with the author, Sept. 2019.

Solution to the Traffic Stop Problem." *Seattle Journal of Environmental Law* 2, no. 1 (2012).

Troy, Stephen. Interviews with the author, Sept. 2019, Sept. 2020, Feb. 2021, and July 2021.

第十章　轉變

Amador, Don. "2001 Orick Freedom Rally and Protest Update." Blue Ribbon Coalition, June 26, 2001.

Author's personal notes and photographs.

Barlow, Ron. Interview with the author, Oct. 2021.

Cart, Julie. "Storm over North Coast rights." *Los Angeles Times*, Dec. 18, 2006.

Cook, Terry, and Cherish Guffie. Interview with the author, Sept. 2019.

Court records, "California Department of Parks and Recreation v. Edward Salsedo." Case no. A112125, July 2009, accessed Jan. 2020.

Frick, Steve. Interview with the author, Sept. 2019.

Hagood, Jim. Interviews with the author, Sept. 2019 and Jan. 2021.

House, Rachelle. "Western Snowy Plover reaches important milestone in its recovery." *Audubon,* Aug. 2018.

Hughes, Derek. Interviews with the author, Sept. 2020, Oct. 2020, Mar. 2021, Apr. 2021, July 2021, and Oct. 2021.

Lehman, Jacob. "Gates draw anger." *Times-Standard* (Eureka, CA), Aug. 2000.

Meyer, Betty. Interview with the author, Sept. 2019.

Netz, Lynne. Interview with the author, Sept. 2019.

"Orick Under Siege." Advertisement. *Times-Standard* (Eureka, CA), July 29, 2000.

Pero, Branden. Interviews with the author, Sept. 2019, Sept. 2021, and

第九章　神祕樹

Barlow, Ron. Interview with the author, Oct. 2021.

Cook, Terry, and Cherish Guffie. Interview with the author, Sept. 2019.

Court filings, "The People of the State of California v. Danny Edward Garcia." Case no. CR1402210A, accessed Aug. 2020.

Denny, Laura. Interview with the author, Sept. 2020.

Esler, Bill. "Second Redwood Burl Poacher Sentenced." *Woodworking Network*, June 23, 2014.

"Famous Burls Are Used in Many Nations." *Humboldt Times* Centennial Issue (Eureka, CA), Feb. 8, 1954.

Garcia, Danny. Interviews with the author, Dec. 2019, Jan. 2020, Oct. 2020, Dec. 2020, Feb. 2021, June 2021, July 2021, and Oct. 2021.

Guffie, Chris. Interviews with the author, Sept. 2019 and Sept. 2020.

Hagood, Jim, and Joe Hufford. Interview with the author, Sept. 2019.

"Homeland Security Asset Report Inflames Critics." *All Things Considered,* NPR, July 12, 2006.

Logan, William Bryant. *Sprout Lands: Tending the Endless Gift of Trees*. New York: W. W. Norton, 2019.

Muth, Robert M. "The persistence of poaching in advanced industrial society: Meanings and motivations—An introductory comment." *Society & Natural Resources* 11, no. 1 (1998).

National Park Service. Freedom of Information Act Request, NPS-2019-01621, accessed Nov. 2019.

Simmons, James. Interview with the author, Sept. 2020.

Squatriglia, Chuck. "Fighting back: Park managers are cracking down on thieves stealing old-growth redwood logs." *SF Gate*, Sept. 17, 2006.

Trick, Randy J. "Interdicting Timber Theft in a Safe Place: A Statutory

Candy Johnston recovering at Harbourview." *Leader* (Port Townsend, WA), Feb. 19, 2011.

Greenpeace. "Taylor, Gibson, Martin and Fender Team with Greenpeace to Promote Sustainable Logging." July 6, 2010. https://www.greenpeace.org/usa/news/taylor-gibson-martin-and-fen/

Halverson, Matthew. "Legends of the Fallen." *Seattle Met*, Apr. 2013.

Jenkins, Austin. "Music Wood Poaching Case Targets Mill Owner Who Sold to PRS Guitars." NWNewsNetwork, Aug. 6, 2015.

Minden, Anne. Interview with the author, Aug. 2018.

National Park Service. Freedom of Information Act Request, NPS-2019-01621, accessed Nov. 2019.

——. "Size of the Giant Sequoia." Feb. 2007.

——. "Two men sentenced for theft of 'music wood' timber in Olympic National Park." Feb. 16, 2018.

O'Hagan, Maureen. "Plundering of timber lucrative for thieves, a problem for state." *Seattle Times,* Feb. 24, 2013.

Peattie, Donald Culross. *A Natural History of North American Trees*. San Antonio, TX: Trinity University Press, 2007.

Riggs, Keith. "Timber thief in Washington cuts down 300-year-old tree." Forest Service Office of Communication, Jan. 10, 2013.

Taylor, Preston. Interview with the author, Feb. 2020.

Tudge, Colin. *The Tree: A Natural History of What Trees Are, How They Live, and Why They Matter*. New York: Crown, 2006.

United States Department of Agriculture, Forest Service. "Douglas-Fir: An American Wood." FS-235.

——. "Species: Pseudotsuga menziesii var. menziesii," distributed by the Fire Effects Information System. https://www.fs.fed.us/database/feis/plants/tree/psemenm/all.html.

第七章　盜木之禍

Cook, Terry, and Cherish Guffie. Interview with the author, Sept. 2019.

Court filings, "State of Washington v. Christopher David Guffie." Case no. 94-1-00102, accessed Oct. 2020.

Court filings, "State of Washington v. Daniel Edward Garcia." Case no. 94-1-00103, accessed Oct. 2020.

Garcia, Danny. Interviews with the author, Dec. 2019, Jan. 2020, Oct. 2020, Dec. 2020, Feb. 2021, June 2021, July 2021, and Oct. 2021.

Guffie, Chris. Interviews with the author, Sept. 2019 and Sept. 2020.

Guffie, John. Interview with the author, Oct. 2020.

Obituary of Ronald Cook, *Times-Standard* (Eureka, CA), July 20, 1976.

Obituary of Thelma Cook, *Times-Standard* (Eureka, CA), Aug. 28, 2007.

Obituary of Timmy Dale Cook, *Times-Standard* (Eureka, CA), Oct. 12, 2004.

"Victim of Crash Dies." *Times-Standard* (Eureka, CA), Mar. 1, 1971.

第八章　音樂木

Court filings, "United States of America v. Reid Johnston." Case no. CR11-5539RJB, accessed 2014.

Cronn, Richard, et al. "Range-wide assessment of a SNP panel for individualization and geolocalization of bigleaf maple (*Acer macrophyllum* Pursh). *Forensic Science International: Animals and Environments*. Vol. 1, Nov. 2021: 100033.

Diggs, Matthew. Interview with the author, 2014.

Durkan, Jenny. "Brinnon Man Indicted for Tree Theft from Olympic National Forest." United States Attorney's Office, Western District of Washington. Nov. 10, 2011.

"Fatality accident: Brinnon's Stan Johnston dies in crash on Hwy. 101;

Popkin, Gabriel. " 'Wood wide web'—the underground network of microbes that connects trees—mapped for first time." *Science,* May 15, 2019.

Redwood National and State Parks. "Arrest Made in Burl Poaching Case." May 14, 2014. https://www.nps.gov/redw/learn/news/arrest-made-in-burl-poaching-case.htm.

Save the Redwoods League. "Coast Redwoods." https://www.savetheredwoods.org/redwoods/coast-redwoods/.

Sillett, Steve. Personal correspondence with the author, Oct. 2019.

Taylor, Preston. Interview with the author, Feb. 2020.

Tudge, Colin. *The Tree: A Natural History of What Trees Are, How They Live, and Why They Matter*. New York: Crown, 2006.

University of California Agriculture and Natural Resources. "Coast Redwood (Sequoia sempervirens)." https://ucanr.edu/sites/forestry / California _ forests / http ___ ucanrorg _ sites _ forestry_California _ forests _ Tree _ Identification _ / Coast _ Redwood_Sequoia_ sempervirens_198/.

University of Delaware. "How plants protect themselves by emitting scent cues for birds." Aug. 15, 2018.

Virginia Tech, College of Natural Resources and Environment. "Fire ecology." http://dendro.cnre.vt.edu/forsite/valentine/fire_ecology.htm.

Widick, Richard. *Trouble in the Forest: California's Redwood Timber Wars.* Minneapolis: University of Minnesota Press, 2009.

Wohlleben, Peter. *The Hidden Life of Trees: What They Feel, How They Communicate—Discoveries from a Secret World*. Vancouver, BC: Greystone Books, 2016.

harvest. Encounters leave loggers resentful." *Los Angeles Times,* Sept. 2, 1990.

Widick, Richard. *Trouble in the Forest: California's Redwood Timber Wars.* Minneapolis: University of Minnesota Press, 2009.

第六章　通往紅木的入口

Author's personal notes and photographs, Sept. 2019.

Barlow, Ron. Interview with the author, Oct. 2021.

California State Parks. "What Is Burl?" https://www.nps.gov/redw/planyourvisit/upload/Redwood_Burl_Final-508.pdf.

Del Tredici, Peter. "Redwood Burls: Immortality Underground." *Arnoldia* 59, no. 3 (1999).

Logan, William Bryant. *Sprout Lands: Tending the Endless Gift of Trees*. New York: W. W. Norton, 2019.

Marteache, Nerea, and Stephen F. Pires. "Choice Structuring Properties of Natural Resource Theft: An Examination of Redwood Burl Poaching." *Deviant Behavior* 41, no. 3 (2019).

McCormick, Evelyn. *The Tall Tree Forest: A North Coast Tree Finder*. Self-published, Rio Dell, 1987.

Peattie, Donald Culross. *A Natural History of North American Trees*. San Antonio, TX: Trinity University Press, 2007.

Perlin, John. *A Forest Journey: The Story of Wood and Civilization*. Woodstock, VT: The Countryman Press, 1989.

Pires, Stephen F., et al. "Redwood Burl Poaching in the Redwood State & National Parks, California, USA," in Lemieux, A. M., ed., *The Poaching Diaries* (vol. 1): *Crime Scripting for Wilderness Problems.* Phoenix: Center for Problem Oriented Policing, Arizona State University, 2020.

Fortmann, Louise. Interview with the author, June 2020.

Harter, John-Henry. "Environmental Justice for Whom? Class, New Social Movements, and the Environment: A Case Study of Greenpeace Canada, 1971–2000." *Labour* 54, no. 3 (2004).

Hines, Sandra. "Trouble in Timber Town." *Columns*, December 1990.

Loomis, Erik. *Empire of Timber: Labor Unions and the Pacific Northwest Forests*. Cambridge: Cambridge University Press, 2015.

Loomis, Erik, and Ryan Edgington. "Lives Under the Canopy: Spotted Owls and Loggers in Western Forests." *Natural Resources Journal* 51, no. 1 (2012).

Madonia, Joseph F. "The Trauma of Unemployment and Its Consequences." *Social Casework* 64, no. 8 (1983): 482–88.

"Northwest Environmental Issues." C-SPAN, aired Apr. 2, 1993. https://www.c-span.org/video/?39332-1/northwest-environmental-issues.

O'Hara, Kevin L., et al. "Regeneration Dynamics of Coast Redwood, a Sprouting Conifer Species: A Review with Implications for Management and Restoration." *Forests* 8, no. 5 (2017).

Pendleton, Michael R. "Beyond the threshold: The criminalization of logging." *Society & Natural Resources* 10, no. 2 (1997).

Pryne, Eric. "Government's Ax May Come Down Hard on Forks Timber Spokesman Larry Mason." *Seattle Times*, May 5, 1994.

Romano, Mike. "Who Killed the Timber Task Force?" *Seattle Weekly*, Oct. 9, 2006.

Speece, Darren Frederick. *Defending Giants: The Redwood Wars and the Transformation of American Environmental Politics*. Seattle: University of Washington Press, 2017.

Stein, Mark A. " 'Redwood Summer': It Was Guerrilla Warfare: Protesters' anti-logging tactics fail to halt North Coast timber

Spence, Mark David. Department of the Interior, National Park Service, Pacific West Region. "Watershed Park: Administrative History, Redwood National and State Parks." 2011.

Thompson, Don. "Redwoods Siphon Water from the Top and Bottom." *Los Angeles Times*, Sept. 1, 2002.

Vogt, C., E. Jimbo, J. Lin, and D. Corvillon. "Floodplain Restoration at the Old Orick Mill Site." Berkeley: University of California Berkeley: River-Lab, 2019.

Walters, Heidi. "Orick or bust." *North Coast Journal of Politics, People & Art* (Eureka, CA), May 31, 2007.

Widick, Richard. *Trouble in the Forest: California's Redwood Timber Wars*. Minneapolis: University of Minnesota Press, 2009.

第五章　戰區

Bailey, Nadine. Interview with the author, Sept. 2019.

Bari, Judi. *Timber Wars*. Monroe, ME: Common Courage Press, 1994.

Carroll, Matthew S. *Community and the Northwestern Logger: Continuities and Changes in the Era of the Spotted Owl*. New York: Avalon Publishing, 1995.

Dumont, Clayton W. "The Demise of Community and Ecology in the Pacific Northwest: Historical Roots of the Ancient Forest Conflict." *Sociological Perspectives* 39, no. 2 (1996): 277–300.

"Forks: Timber community revitalizes economy." Associated Press, Dec. 21, 1992.

Glionna, John M. "Community at Loggerheads Over a Book by Dr. Seuss." *Los Angeles Times,* Sept. 18, 1989.

Greber, Brian. Interview with the author, June 2020.

Guffie, Chris. Interview with the author, Sept. 2020.

Northwest Forests. Cambridge: Cambridge University Press, 2015.

Nelson, Matt. Interview with the author, Mar. 2020.

Pryne, Eric. "Government's Ax May Come Down Hard on Forks Timber Spokesman Larry Mason." *Seattle Times*, May 5, 1994.

Rackham, Oliver. *Woodlands*. Toronto: HarperCollins Canada, 2012.

Rajala, Richard A. *Clearcutting the Pacific Rain Forest: Production, Science and Regulation*. Vancouver: UBC Press, 1999.

Redwood National and State Parks. "About the Trees." Feb. 28, 2015. https://www.nps.gov/redw/learn/nature/about-the-trees.htm.

Redwood National Park. "Tenth Annual Report to Congress on the Status of Implementation of the Redwood National Park Expansion Act of March 27, 1978." Crescent City, CA, 1987.

"Redwood National Park Part II: Hearings before the Subcommittee on National Parks and Recreation of the Committee on Interior and Insular Affairs, House of Representatives. H.R. 1311 and Related Bills to establish a Redwood National Park in the State of California. Hearings held Crescent City, Calif., April 16, 1968, Eureka, Calif., April 18, 1968." Serial No. 90-11. Washington, DC: US Government Printing Office, 1968.

"S. 1976. A bill to add certain lands to the Redwood National Park in the State of California, to strengthen the economic base of the affected region, and for other purposes: Hearings Before the Subcommittee on Parks and Recreation of the Committee on Energy and Natural Resources." Washington, DC: US Government Printing Office, 1978. *(Via private library of Robert Herbst, Aug. 2020.)*

Speece, Darren Frederick. *Defending Giants: The Redwood Wars and the Transformation of American Environmental Politics*. Seattle: University of Washington Press, 2017.

in the United States of America." St. Andrews, New Brunswick, Canada, June 12–16, 2000. http://www.fao.org/3/x4995e/x4995e.htm.

Frick, Steve. Interview with the author, Sept. 2019.

Fry, Amelia R. *Cruising and protecting the Redwoods of Humboldt: Oral history transcript and related material, 1961–1963*. Berkeley, CA: The Bancroft Library, Regional Oral History Office, 1963.

Fryer, Alex. "Chipping Away at Tree Theft." *Christian Science Monitor,* Aug. 13, 1996.

General Information Files, "Orick," HCHS, Orick, California.

Gordon, Greg. *When Money Grew on Trees: A. B. Hammond and the Age of the Timber Baron*. Norman: University of Oklahoma Press, 2014.

Guffie, John. Interview with the author, Oct. 2020.

Harris, David. *The Last Stand: The War Between Wall Street and Main Street over California's Ancient Redwoods*. New York: Times Books, Random House, 1995.

Humboldt Planning and Building. Natural Resources & Hazards Report, "Chapter 11: Flooding." Eureka, CA, 2002.

Johnson, Dirk. "In U.S. Parks, Some Seek Retreat, but Find Crime." *New York Times*, Aug. 21, 1990.

Lage, Ann, and Susan Schrepfer. *Edgar Wayburn: Sierra Club Statesman, Leader of the Parks and Wilderness Movement: Gaining Protection for Alaska, the Redwoods, and Golden Gate Parklands.* Berkeley, CA: The Bancroft Library, Regional Oral History Office, 1976.

"Loggers Assail Redwood Park Plan." *New York Times*, Apr. 15, 1977.

Loomis, Erik. *Empire of Timber: Labor Unions and the Pacific*

Trees: Placing Washington's Forests in Historical Context." https://www.washington.edu/uwired/outreach/cspn/Website/Classroom%20Materials/Curriculum%20Packets/Evergreen%20State/Section%20II.html.

Childers, Michael. "The Stoneman Meadow Riots and Law Enforcement in Yosemite National Park." *Forest History Today*, Spring 2017.

Clarke Historical Museum. "Artifact Spotlight: Roadtrip! The Orick Peanut," July 1, 2018. http://www.clarkemuseum.org/blog/artifact-spotlight-roadtrip-the-orick-peanut.

Cook, Terry, and Cherish Guffie. Interview with the author, Sept. 2019.

Coriel, Andrew, and Phil Huff. Interview with the author, July 2020.

Curtius, Mary. "The Fall of the 'Redwood Curtain.' " *Los Angeles Times*, Dec. 28, 1996.

Daniels, Jean M. United States Department of Agriculture, Forest Service. "The Rise and Fall of the Pacific Northwest Export Market." PNW-GTR-624. Pacific Northwest Research Station, Feb. 2005.

DeForest, Christopher E. United States Department of Agriculture, Forest Service. "Watershed Restoration, Jobs-in-the-Woods, and Community Assistance: Redwood National Park and the Northwest Forest Plan." PNW-GTR-449. Pacific Northwest Research Station, 1999.

Del Tredici, Peter. "Redwood Burls: Immortality Underground." *Arnoldia* 59, no. 3 (1999).

Dietrich, William. *The Final Forest: The Battle for the Last Great Trees of the Pacific Northwest*. New York: Penguin, 1992.

Food and Agriculture Organization of the United Nations. "North American Forest Commission, Twentieth Session, State of Forestry

Tudge, Colin. *The Tree: A Natural History of What Trees Are, How They Live, and Why They Matter*. New York: Crown, 2006.

United States Department of the Interior. "The Conservation Legacy of Theodore Roosevelt." Feb. 14, 2020. https://www.doi.gov/blog/conservation-legacy-theodore-roosevelt.

Warren, Louis S. *The Hunter's Game: Poachers and Conservationists in Twentieth-Century America*. New Haven, CT: Yale University Press, 1999.

Widick, Richard. *Trouble in the Forest: California's Redwood Timber Wars*. Minneapolis: University of Minnesota Press, 2009.

第四章　月球表面的景象

Anders, Jentri. *Beyond Counterculture: The Community of Mateel*. Eureka, CA: Humboldt State University, August 2013.

Associated California Loggers. "Enough Is Enough," 1977. Humboldt State University, Library Special Collections. https://archive.org/details/carcht_000047.

Barlow, Ron. Interview with the author, Oct. 2021.

British Columbia Ministry of Forests and Range. "Glossary of Forestry Terms in British Columbia." March 2008. https://www.for.gov.bc.ca/hfd/library/documents/glossary/glossary.pdf.

Buesch, Caitlin. "The Orick Peanut: A Protest Sent to Jimmy Carter." *Senior News* (Eureka, CA), Aug. 2018.

California Department of Parks and Recreation. "Survivors Through Time." https://www.parks.ca.gov/?page_id=24728.

California State Parks. "What Is Burl?" https://www.nps.gov/redw/planyourvisit/upload/Redwood_Burl_Final-508.pdf.

Center for the Study of the Pacific Northwest. "Seeing the Forest for the

Woodstock, VT: The Countryman Press, 1989.

Post, W. C. "Map of property of the Blooming-Grove Park Association, Pike Co., Pa., 1887." New York Public Library Digital Collections. https://digitalcollections.nypl.org/items/72041380-31da-0135-e747-3feddbfa9651.

Rajala, Richard A. *Clearcutting the Pacific Rain Forest: Production, Science and Regulation*. Vancouver: UBC Press, 1999.

Rutkow, Eric. *American Canopy: Trees, Forests, and the Making of a Nation*. New York: Scribner, 2012.

Sandlos, *Hunters at the Margin: Native People and Wildlife Conservation in the Northwest Territories*. Chicago: University of Chicago Press, 2007.

Schrepfer, Susan R. *The Fight to Save the Redwoods: A History of the Environmental Reform, 1917–1978*. Madison: University of Wisconsin Press, 1983.

Shirley, James Clifford. *The Redwoods of Coast and Sierra.* Berkeley: University of California Press, 1940.

Speece, Darren Frederick. *Defending Giants: The Redwood Wars and the Transformation of American Environmental Politics*. Seattle: University of Washington Press, 2017.

Spence, Mark David. *Dispossessing the Wilderness: Indian Removal and the Making of the National Parks*. Oxford: Oxford University Press, 2000.

St. Clair, Jeffrey. "The Politics of Timber Theft." *CounterPunch* (Petrolia, CA), June 13, 2008.

Taylor, Dorceta E. *The Rise of the American Conservation Movement: Power, Privilege and Environmental Protection*. Durham, NC: Duke University Press, 2016.

Street over California's Ancient Redwoods. New York: Times Books, Random House, 1995.

Jacoby, Karl. *Crimes Against Nature: Squatters, Poachers, Thieves, and the Hidden History of American Conservation*. Berkeley: University of California Press, 2001.

Lage, Ann, and Susan Schrepfer. *Edgar Wayburn: Sierra Club Statesman, Leader of the Parks and Wilderness Movement: Gaining Protection for Alaska, the Redwoods, and Golden Gate Parklands*. Berkeley, CA: The Bancroft Library, Regional Oral History Office, 1976.

LeMonds, James. *Deadfall: Generations of Logging in the Pacific Northwest*. Missoula, MT: Mountain Press Publishing Company, 2000.

McCormick, Evelyn. *Living with the Giants: A History of the Arrival of Some of the Early North Coast Settlers*. Self-published, Rio Dell, 1984.

——. *The Tall Tree Forest: A North Coast Tree Finder*. Self-published, Rio Dell, 1987.

"Millionaire Astor Explains About His Famous Redwood." *San Francisco Call,* Jan. 15, 1899.

O'Reilly, Edward. "Redwoods and Hitler: The link between nature conservation and the eugenics movement." From the Stacks (blog). New-York Historical Society Museum and Library. Sept. 25, 2013. https://blog.nyhistory.org/redwoods-and-hitler-the-link-between-nature-conservation-and-the-eugenics-movement/.

Peattie, Donald Culross. *A Natural History of North American Trees*. San Antonio, TX: Trinity University Press, 2007.

Perlin, John. *A Forest Journey: The Story of Wood and Civilization*.

of Native California. Oakland: University of California Press, 2021.
Andrews, Ralph W. *Timber: Toil and Trouble in the Big Woods*. Seattle: Superior Publishing, 1968.
Antonio, Salvina. "Orick: A Home Carved from Dense Wilderness." *Humboldt Times* (Eureka, CA), Jan. 7, 1951.
Barlow, Ron. Interview with the author, Oct. 2021.
Carlson, Linda. *Company Towns of the Pacific Northwest*. Seattle: University of Washington Press, 2003.
Clarke Historical Museum. *Images of America: Eureka and Humboldt County*. Mount Pleasant, SC: Arcadia Publishing, 2001.
Clarke Historical Museum interpretive gallery materials. Sept. 2019.
Coulter, Karen. "Reframing the Forest Movement to end forest destruction." *Earth First!* 24, no. 3 (2004).
Drushka, Ken. *Working in the Woods: A History of Logging on the West Coast*. Pender Harbour, BC: Harbour Publishing, 1992.
Fry, Amelia R. *Cruising and protecting the Redwoods of Humboldt: Oral history transcript and related material, 1961–1963*. Berkeley, CA: The Bancroft Library, Regional Oral History Office, 1963.
Fry, Amelia, and Walter H. Lund. *Timber Management in the Pacific Northwest Region, 1927–1965*. Berkeley, CA: The Bancroft Library, Regional Oral History Office, 1967.
Fry, Amelia R., and Susan Schrepfer. *Newton Bishop Drury: Park and Redwoods, 1919–1971*. Berkeley, CA: The Bancroft Library, Regional Oral History Office, 1972.
General Information Files, "Orick," HCHS, Eureka, California.
Gessner, David. "Are National Parks Really America's Best Idea?" *Outside*, Aug. 2020.
Harris, David. *The Last Stand: The War Between Wall Street and Main*

University of Toru , Poland, 2017.

Langton, Dr. John. "The Charter of the Forest of King Henry III." St. John's College Research Centre, University of Oxford. http://info.sjc.ox.ac.uk/forests/Carta.htm.

——. "Forest vert: The holly and the ivy." *Landscape History* 43, no. 2 (2022).

Million, Alison. "The Forest Charter and the Scribe: Remembering a History of Disafforestation and of How Magna Carta Got Its Name." *Legal Information Management* 18 (2018).

Perlin, John. *A Forest Journey: The Story of Wood and Civilization*. Woodstock, VT: The Countryman Press, 1989.

Rothwell, Harry, ed. *English Historical Documents, Vol. 3, 1189–1327*. London: Eyre & Spottiswoode, 1975.

Rowberry, Ryan. "Forest Eyre Justices in the Reign of Henry III (1216–1272)." *William & Mary Bill of Rights Journal* 25, no. 2 (2016).

Standing, Guy. *Plunder of the Commons: A Manifesto for Sharing Public Wealth*. London: Pelican/Penguin Books, 2019.

Standing, J. "Management and silviculture in the Forest of Dean." Lecture, Institute of Chartered Foresters' Symposium on Silvicultural Systems, Session 4: "Learning from the Past." University of York, England, May 19, 1990.

St. Clair, Jeffrey. "The Politics of Timber Theft." *CounterPunch* (Petrolia, CA), June 13, 2008.

Tovey, Bob, and Brian Tovey. *The Last English Poachers*. London: Simon & Schuster UK, 2015.

第三章　深入國家心臟地帶

Akins, Damon B., and William J. Bauer, Jr. *We Are the Land: A History*

DEIS, Proposed Prescott National Forest Plan." Albuquerque, NM, 1987.

Van Pelt, Robert, et al. "Emergent crowns and light-use complementarity lead to global maximum biomass and leaf area in Sequoia sempervirens forests." *Forest Ecology and Management* 375 (2016).

Wallace, Scott. "Illegal loggers wage war on Indigenous people in Brazil." nationalgeographic.com, Jan. 21, 2016.

Wilderness Committee. "Poachers take ancient red cedar from Carmanah-Walbran Provincial Park." May 17, 2012. https://www.wildernesscommittee.org/news/poachers-take-ancient-red-cedar-carmanah-walbran-provincial-park.

Woodland Trust. "How trees fight climate change." https://www.woodlandtrust.org.uk/trees-woods-and-wildlife/british-trees/how-trees-fight-climate-change/.

World Wildlife Fund. "Stopping Illegal Logging." https://www.worldwildlife.org/initiatives/stopping-illegal-logging.

第二章　盜木賊與獵場看守人

Bushaway, Bob. *By Rite: Custom, Ceremony and Community in England 1700–1880*. London: Junction Books, 1982.

Hart, Cyril. *The Verderers and Forest Laws of Dean*. Newton Abbot: David & Charles, 1971.

Hayes, Nick. *The Book of Trespass: Crossing the Lines That Divide Us*. London: Bloomsbury Publishing, 2020.

Jones, Graham. "Corse Lawn: A forest court roll of the early seventeenth century," in Flachenecker, H., et al., *Editionswissenschaftliches Kolloquium 2017: Quelleneditionen zur Geschichte des Deutschen Ordens und anderer geistlicher Institutionen*. Nicolaus Copernicus

pine straw. https://www.ncleg.net/EnactedLegislation/Statutes/HTML/BySection/Chapter_14/GS_14-79.1.html.

Pendleton, Michael R. "Taking the forest: The shared meaning of tree theft." *Society & Natural Resources* 11, no. 1 (1998).

Peterson, Jodi. "Northwest timber poaching increases." *High Country News* (Paonia, CO), June 8, 2018.

Ross, John. "Christmas Tree Theft." *RTE News*, aired Nov. 8, 1962. https://www.rte.ie/archives/exhibitions/922-christmas-tv-past/287748-christmas-tree-theft/.

Salter, Peter. "Old growth, quick money: Black walnut poachers active in Nebraska." Associated Press, Mar. 10, 2019.

Stueck, Wendy. "A centuries-old cedar killed for an illicit bounty amid 'a dying business.'" *Globe and Mail* (Toronto), July 3, 2012.

Sullivan, Olivia. "Bonsai burglary: Trees worth thousands stolen from Pacific Bonsai Museum in Federal Way." *Seattle Weekly,* Feb. 10, 2020.

"Three students cited in theft of rare tree in Wisconsin." Associated Press, Mar. 30, 2021.

Trick, Randy J. "Interdicting Timber Theft in a Safe Space: A Statutory Solution to the Traffic Stop Problem." *Seattle Journal of Environmental Law* 2, no. 1 (2012).

Troy, Stephen. Interview with the author, Aug. 2018.

United States Department of Agriculture. *Who Owns America's Trees, Woods, and Forests? Results from the U.S. Forest Service 2011–2013 National Woodland Owner Survey*. NRS-INF-31-15. Northern Research Station, 2015.

United States Department of Agriculture, Forest Service, Southwestern Region. "Public Comments and Forest Service Response to the

Apr. 4, 2021.

Carranco, Lynwood. "Logger Lingo in the Redwood Region." *American Speech* 31, no. 2 (May 1956).

Closson, Don. Interview with the author, Sept. 2013.

Convention on International Trade in Endangered Species of Wild Flora and Fauna. *The CITES species.* https://cites.org/eng/disc/species.php.

"800-year-old cedar taken from B.C. park." Canadian Press, May 18, 2012.

Frankel, Todd C. "The brown gold that falls from pine trees in North Carolina." *Washington Post,* Mar. 31, 2021.

Friday, James B. "Farm and Forestry Production and Marketing Profile for Koa *(Acacia koa),*" in *Specialty Crops for Pacific Islands*, Craig R. Elevitch, ed. Holualoa, HI: Permanent Agriculture Resources, 2010.

Golden, Hallie. " 'A problem in every national forest': Tree thieves were behind Washington wildfire." *Guardian* (London), Oct. 5, 2019.

Government of British Columbia. Forest and Range Practices Act. https://www.bclaws.gov.bc.ca/civix/document/id/complete/statreg/00_02069_01#section52.

International Bank for Reconstruction and Development/The World Bank. *Illegal Logging, Fishing, and Wildlife Trade: The Costs and How to Combat It.* Oct. 2019.

Kraker, Dan. "Spruce top thieves illegally cutting a Northwoods cash crop." *Marketplace,* Minnesota Public Radio, Dec. 23, 2020.

Neustaeter Sr., Dwayne. "The Forgotten Wedge." Stihl B-log. https://en.stihl.ca/the-forgotten-wedge.aspx.

North Carolina General Statutes. 14-79.1. *Larceny of pine needles or*

・書目與參考文獻

引言

Williams, Raymond. “Ideas of Nature,” in *Culture and Materialism: Selected Essays*. London: Verso, 2005.

序　梅溪

Author’s personal notes and photographs, Sept. 2019.

Court filings, “People of the State of California v. Derek Alwin Hughes.” Case no. CR1803044, accessed Dec. 2020.

Goff, Andrew. “Orick man arrested for burl poaching, meth.” *Lost Coast Outpost* (Eureka, CA), May 17, 2018.

Pero, Branden. Interviews with the author, Sept. 2019 and Sept. 2021.

第一章　林間空地

Alvarez, Mila. *Who owns America’s forests?* U.S. Endowment for Forestry and Communities.

“Arkansas man pleads guilty to stealing timber from Mark Twain National Forest.” *Joplin (MO) Globe,* Apr. 21, 2021.

Atkins, David. “A ‘Tree-fecta’ with the Oldest, Biggest, Tallest Trees on Public Lands.” United States Department of Agriculture Blog, Feb. 21, 2017. https://www.usda.gov/media/blog/2013/08/23/tree-fecta-oldest-biggest-tallest-trees-public-lands.

Benton, Ben. “White oak poaching on increase amid rising popularity of Tennessee, Kentucky spirits.” *Chattanooga (TN) Times Free Press,*

・檔案

克拉克歷史博物館（Clarke Historical Museum）解說廊道

洪堡郡歷史學會（Humboldt County Historical Society, HCHS）檔案庫

紐約公共圖書館（The New York Public Library）數位地圖典藏

加州大學柏克萊分校班克羅夫特圖書館，口述歷史中心（University of California Berkeley: Bancroft Library, Oral History Center）。訪談文字由愛蜜莉亞・弗萊撰寫。

國家圖書館出版品預行編目 (CIP) 資料

盜木賊：直擊森林犯罪現場，揭露底層居民的困境與社會問題 / 琳希．布爾岡 (Lyndsie Bourgon) 著；何修瑜譯．-- 初版．-- 新北市：臺灣商務印書館股份有限公司，2023.05
面；　公分
譯自：Tree thieves : crime and survival in North America's woods
ISBN 978-957-05-3487-0(平裝)

1.CST: 伐木 2.CST: 偷竊 3.CST: 林業管理 4.CST: 社會問題 5.CST: 報導文學

436.7　　112002826

人　文

盜木賊

直擊森林犯罪現場，揭露底層居民的困境與社會問題

Tree Thieves: Crime and Survival in North America's Woods

作　　　者—琳希・布爾岡（Lyndsie Bourgon）
譯　　　者—何修瑜
發　行　人—王春申
審書顧問—陳建守
總　編　輯—張曉蕊
責任編輯—徐　鉞
版　　　權—翁靜如
封面設計—兒日設計
版型設計—菩薩蠻

營　　　業—王建棠
資訊行銷—劉艾琳、張家舜、謝宜華
出版發行—臺灣商務印書館股份有限公司
231023 新北市新店區民權路 108-3 號 5 樓（同門市地址）
電話：（02）8667-3712　傳真：（02）8667-3709
讀者服務專線：0800056196
郵撥：0000165-1
E-mail：ecptw@cptw.com.tw
網路書店網址：www.cptw.com.tw
Facebook：facebook.com.tw/ecptw

Copyright © 2022 by Lyndsie Bourgon
This edition arranged with Stuart Krichevsky Literary Agency, Inc.
through Andrew Nurnberg Associates International Limited
Complex Chinese Language Translation copyright© 2023 by The Commercial Press, Ltd.
ALL RIGHTS RESERVED

局版北市業字第 993 號
初　版：2023 年 05 月
印刷廠：沈氏藝術印刷股份有限公司
定　價：新台幣 460 元
法律顧問—何一芃律師事務所
有著作權・翻印必究
如有破損或裝訂錯誤，請寄回本公司更換